储能科学与工程专业“十四五”高等教育系列教材

储能与综合能源系统

主　编　贾宏杰　穆云飞
副主编　刘　洪　徐　弢　宋关羽　靳小龙
参　编　余晓丹　孟　赫　何星瑭　于　浩

科学出版社
北　京

内 容 简 介

本书从储能与综合能源系统的基本概念出发，系统梳理其技术基础和运行机制。全书分为基础理论、优化方法和应用案例三大部分，涵盖了电力系统、综合能源系统以及含多元储能综合能源系统的原理与模型构建，同时深入探讨了储能系统优化运行技术及其在实际工程中的典型应用。

本书提供了储能与综合能源系统领域的系统知识体系，帮助读者深入理解理论基础，掌握关键技术，并探索实际工程中的应用场景。本书可作为储能、电气与综合能源系统相关专业的本科生和研究生教材，也可供相关专业的科技工作者参考。

图书在版编目（CIP）数据

储能与综合能源系统 / 贾宏杰，穆云飞主编. -- 北京 ：科学出版社，2025. 5. --（储能科学与工程专业"十四五"高等教育系列教材）. -- ISBN 978-7-03-080822-6

Ⅰ. TK02；TK018

中国国家版本馆 CIP 数据核字第 2024VJ5117 号

责任编辑：余 江 / 责任校对：胡小洁
责任印制：师艳茹 / 封面设计：马晓敏

科学出版社 出版
北京东黄城根北街 16 号
邮政编码：100717
http://www.sciencep.com

北京富资园科技发展有限公司印刷

科学出版社发行 各地新华书店经销

*

2025 年 5 月第 一 版 开本：787×1092 1/16
2025 年 5 月第一次印刷 印张：9 1/4
字数：225 000

定价：59.00 元

（如有印装质量问题，我社负责调换）

储能科学与工程专业“十四五”高等教育系列教材

编　委　会

序

储能已成为能源系统中不可或缺的一部分，关系国计民生，是支撑新型电力系统的重要技术和基础装备。我国储能产业正处于黄金发展期，已成为全球最大的储能市场，随着应用场景的不断拓展，产业规模迅速扩大，对储能专业人才的需求日益迫切。2020年，经教育部批准，由西安交通大学何雅玲院士率先牵头组建了储能科学与工程专业，提出储能专业知识体系和课程设置方案。

储能科学与工程专业是一个多学科交叉的新工科专业，涉及动力工程及工程热物理、电气工程、水利水电工程、材料科学与工程、化学工程等多个学科，人才培养方案及课程体系建设大多仍处于探索阶段，教材建设滞后于产业发展需求，给储能人才培养带来了巨大挑战。面向储能专业应用型、创新性人才培养，昆明理工大学王华教授组织编写了“储能科学与工程专业‘十四五’高等教育系列教材”。本系列教材汇聚了国内储能相关学科方向优势高校及知名能源企业的最新实践经验、教改成果、前沿科技及工程案例，强调产教融合和学科交叉，既注重理论基础，又突出产业应用，紧跟时代步伐，反映了最新的产业发展动态，为全国高校储能专业人才培养提供了重要支撑。归纳起来，本系列教材有以下四个鲜明的特点。

一、学科交叉，构建完备的储能知识体系。多学科交叉融合，建立了储能科学与工程本科专业知识图谱，覆盖了电化学储能、抽水蓄能、储热蓄冷、氢能及储能系统、电力系统及储能、储能专业实验等专业核心课、选修课，特别是多模块教材体系为多样化的储能人才培养奠定了基础。

二、产教融合，以应用案例强化基础理论。系列教材由高校教师和能源领域一流企业专家共同编写，紧跟产业发展趋势，依托各教材建设单位在储能产业化应用方面的优势，将最新工程案例、前沿科技成果等融入教材章节，理论联系实际更为密切，教材内容紧贴行业实践和产业发展。

三、实践创新，提出了储能实验教学方案。联合教育科技企业，组织编写了首部《储能科学与工程专业实验》，系统全面地设计了储能专业实践教学内容，融合了热工、流体、电化学、氢能、抽水蓄能等方面基础实验和综合实验，能够满足不同方向的储能专业人才培养需求，提高学生工程实践能力。

四、数字赋能，强化储能数字化资源建设。教材建设团队依托教育部虚拟教研室，构建了以理论基础为主、以实践环节为辅的储能专业知识图谱，提供了包括线上课程、教学视频、工程案例、虚拟仿真等在内的数字化资源，建成了以“纸质教材+数字化资源”为特征的储能系列教材，方便师生使用、反馈及互动，显著提升了教材使用效果和潜在教学成效。

储能产业属于新兴领域，储能专业属于新兴专业，本系列教材的出版十分及时。希望本系列教材的推出，能引领储能科学与工程专业的核心课程和教学团队建设，持续推动教学改革，为储能人才培养奠定基础、注入新动能，为我国储能产业的持续发展提供重要支撑。

中国工程院院士　吴锋

北京理工大学学术委员会副主任

2024 年 11 月

前　言

在全球能源转型的背景下，储能与综合能源系统已成为应对能源危机、实现低碳发展的关键技术领域。随着这一领域研究的不断深入，理论创新与工程应用逐步落地，正推动全球能源结构的变革。本书旨在为储能与综合能源系统领域的学习者和从业者提供一个系统化、全面化的知识体系，帮助读者在深入理解理论的基础上，掌握核心技术，并探索其在实际工程中如何应用。

本书从储能与综合能源系统的基本概念入手，系统梳理了其技术基础与运行机制。全书采用“系统概念-应用技术-工程应用”的结构布局，力求将复杂知识有机融合。内容分为基础理论、优化方法与应用案例三大部分，既涵盖了电力系统、综合能源系统和含多元储能综合能源系统的原理与模型构建，又探讨了含储能综合能源系统的优化运行技术，并结合实际工程中的典型应用进行分析。通过理论讲解与案例分析相结合，读者不仅能深入地学习理论知识，还能汲取丰富的应用经验，为未来的研究和实践打下坚实的基础。

第 1 章从能源系统变革的角度，阐述了综合能源系统的形成与发展历程，分析了储能在这一过程中所扮演的重要角色。第 2 章和第 3 章分别介绍了电力系统和综合能源系统分析所采用的基本模型与能流计算方法。第 4 章系统讲解了综合能源系统的基本概念、运行机理和模型构建方法，探讨了综合能源系统的典型应用模式。第 5 章重点阐述了含多元储能综合能源系统的优化运行技术。第 6 章结合实际工程案例，展示了综合能源系统的典型应用。

值得强调的是，储能与综合能源系统涉及物理、化学、材料、机械和电气工程等多个学科的交叉知识。本书力求精准简明，特别针对本科生和研究生需求，对复杂理论进行适当简化，同时配以直观的应用案例，以降低学习门槛，帮助读者构建完整的认知体系和实用技能。作者希望通过本书，为读者提供深入浅出的学习体验，激发其对储能与综合能源系统研究的兴趣，并为行业的发展和技术的进步贡献一份微薄之力。

本书部分内容及算例资源取自国家重点研发计划项目“高耗能工业用户节能与供需互动技术”(2023YFB2407300)的研究成果，特此表示感谢。在本书编写过程中，得到了许多同行专家和相关单位的支持与帮助，在此向所有参与审稿的老师和同仁表示衷心感谢。

由于内容涉及多个交叉学科领域，加之编写时间有限，书中难免存在不足与疏漏之处，敬请广大读者批评指正。

作　者

2024 年 10 月于天津大学

目　　录

第1章 绪　　论

1.1 能源领域的变革发展催生综合能源系统

中文的能量和能源两个词均与英文中的Energy一词密切相关，前者作为一个物理量，重在描述物体所蕴含的做功能力，后者则更关注物体能量的来源与类型。维基百科信息显示，Energy一词来源于希腊语 ἐνέργεια，最早出现在公元前四世纪希腊哲学家亚里士多德的著作中，结合当时希腊已具有多座相当规模的大型城市，我们有理由相信，在当时希腊已非常关注和重视与能量和能源相关的问题。现代意义上的能量概念，来自德国科学家莱布尼茨(G.W. Leibniz)提出的“生活力”(拉丁文：vis viva)的概念，与后期物理学中的动能概念类似。英文Energy一词则由英国科学家托马斯·杨(Thomas Young)最早使用，见于其1802年发表的演讲。如今，能量和能源作为一个最基本的要素，已贯穿于现代物理学的方方面面。在本书后续章节中，将不再对能量与能源两词进行区分，在不引起歧义的情况下将统一采用能源一词进行表述。

能源是人类社会赖以生存和发展的基础。能源系统(energy system，ES)负责社会所需能源的生产、传输、分配、存储、转化和使用，是人类社会最为重要的基础设施。党的二十大报告明确提出，要“加快规划建设新型能源体系”，落实能源系统绿色低碳、清洁高效的发展理念。在人类社会越来越关注能源利用效率、能源系统对环境的影响以及能源系统自身可持续发展等问题的大背景下，不同能源系统的耦合日渐紧密，由此催生出综合能源系统(integrated energy system，IES)的概念。其核心思想就是要提升能源生产供给、储备调节、跨区域输送的能力，逐渐形成多能互补、源网荷储一体化的供用能模式。

1.1.1 人类社会主要一次能源的演变

在刀耕火种的原始社会，人类逐渐学会了使用火来驱赶野兽、烹饪食品、打造工具，利用风驱动帆船，使用水车进行田地灌溉和食品加工等，人们逐渐认识到自然赋予能源所蕴含的价值，自此能源逐渐成为人类社会不可或缺的重要组成部分。但早期人类社会在自然科学知识和技术方面的积累有限，直到第一次工业革命之前，人类社会生产生活所依靠的动力主要来自人力、畜力、水力、风力等。相较于现代社会对能源的高度依赖，当时的社会则更为关注人口、牲畜以及粮秣(用于供养人与牲畜)，因为这些因素往往决定一个国家的强盛与否。

第一次工业革命出现于18世纪60年代，延续至19世纪40年代，以煤炭驱动的蒸汽机械代替传统的人力或畜力，进而形成大规模的工厂生产为主要标志，因此也称为蒸汽机革命。工业革命使得社会生产效率大大提升，铁路、航海等领域的技术进步，使得各类商品可以在更广阔范围内进行交易，反过来又促进了社会工业化的发展进程。第一次工业革命的产生，尽管有着极其深刻的社会、人文、历史、科技、经济等背景，但毫无疑问，能源变革在其背后起到重要的推动作用。第一次工业革命的发源地为英国中北部，该地区有着非常丰富的浅层煤矿，但缺乏木材资源，因此用煤炭替代传统的木材作为稳定的燃料供应，就成为蒸汽机这一重大发明的鲜明标志。为维系日益庞大的工业化生产，必然需要稳定的社会能源供应，因此第一次工业革命推进的过程，也是社会能源供应系统逐步建立的过程。

第二次工业革命始于19世纪70年代，延续至第一次世界大战开战的1914年，以电能逐渐渗透至工业领域为重要标志。在这一时期，在钢铁、化学品、电气等领域产生大量技术创新，并迅速应用于工业领域，对后世产生深远影响。在钢铁领域形成的“贝塞麦转炉”“西门子-马丁平炉”“吉尔克里斯特-托马斯碱性炼钢法”等新技术被先后应用于钢铁行业，大大提升了钢铁产量并降低了生产成本，有力支撑了诸多社会产业的工业化进程，时至今日，钢铁产能仍是分析评估一个国家工业化程度高低的重要指标。化学品和电气领域的诸多创新，则对后世的生产生活产生极其深远的影响。这一时期发明的以煤气、汽油和柴油为燃料的内燃机技术，直接造就了汽车、轮船、飞机等新兴产业，并逐渐构建起现代化交通体系；同样，始于这一时期化学品领域的技术创新，使得天然气和石油由最初的辅助能源(主要用于照明)，逐渐演变为当今社会最重要的能源供应方式和工业原料，深刻影响着现代社会格局。电气领域的创新则主要围绕着电力和通信两个方向展开，前者逐渐造就了日益复杂的电力网络，使得电能成为当今社会最重要的二次能源；后者则从最初的电话、电报等通信方式的创新开始，逐渐使人类社会进入信息化时代。

从第一次工业革命后期开始，煤炭就逐渐成为人类社会最重要的一次能源。蒸汽机及其后出现的内燃机、高效电机等技术，在采矿、交通、航运等领域广泛应用，大大提升了煤炭的规模化开发和远距离输运能力，有力支撑了两次工业革命的实现，以及二战后全球范围内社会经济与科技的快速发展，时至今日，煤炭仍是很多国家最重要的一种能源形式。例如，美国在2024年的终端能源消费，来源于煤炭的供给占比仍超过10%；我国受自然资源及禀赋影响，煤炭在社会能源中的占比更高。石油和天然气尽管很早就被人类发现，但直到第二次工业革命结束，它们仍处于从属位置。随着两次世界大战以及战后科技的飞速发展，两者才逐渐成为现代社会最重要的能源形式。图1-1是来自美国能源信息署(Energy Information Administration，EIA)的数据，其给出了美国1775～2009年能源消费的主要来源，可以看到，直到1950年之后，石油、天然气的占比才先后超越煤炭，成为最重要的社会能源供应方式。

自20世纪70年代开始，全球经历了多次由化石能源价格高企而引发的能源危机，这使得人类社会逐渐认识到过度依赖化石能源的危害，自此风光等“新型”可再生能源[1)]受到日益关注。此外，化石能源属不可再生能源，终有一天会被耗尽；过度使用化石能源引

1) 风光主要指光伏发电和风电，称其为“新型”可再生能源，主要基于如下考虑：①这类新能源很早就存在，但以往在社会能源系统中的占比很小或只在一些特殊领域应用，如光伏发电技术在航天领域的应用。只是随着它们在社会能源系统中渗透率的不断提高，其固有的难预测、强随机、难调控等特征才受到日益广泛关注，并成为“新型”可再生能源的一种重要标签。②水能也属于一类重要的可再生能源，但因其已在很多国家得到很好的开发利用，且与光伏、风电等可再生能源相比，其可预测性和可调控性更优，因此一般语境中的可再生能源往往并不包含水能。故采用“新型”可再生能源一词，目的在于与水能等“传统”可再生能源形式，以及光伏、风电大规模开发利用前的技术加以区分。

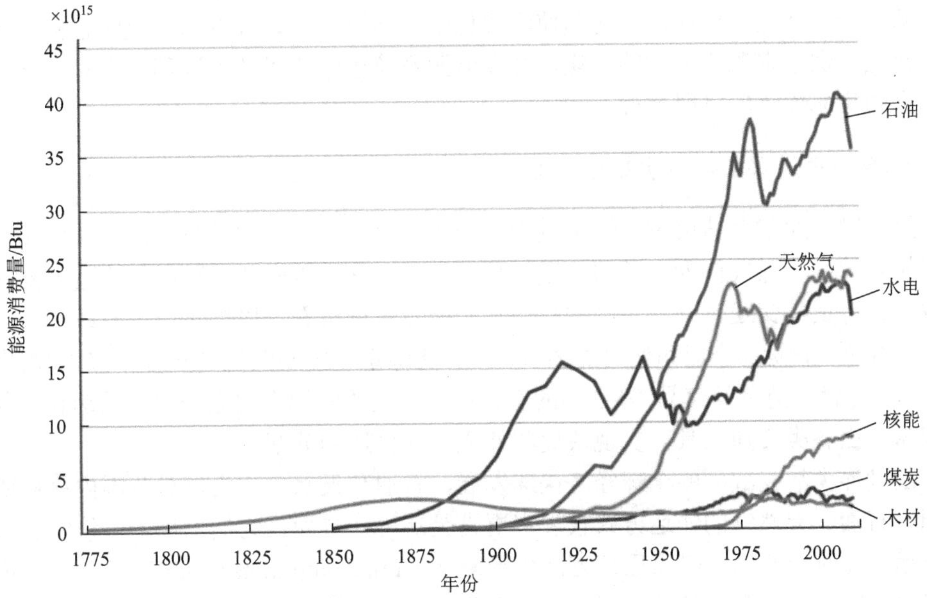

图 1-1　美国 1775～2009 年能源消费构成数据

1Btu=1055.056J

发的环境污染和全球温升等问题，使得人类社会寻求可替代能源和实现人类社会能源永续发展问题，日益受到世界各国关注。自 20 世纪 80 年代开始，联合国就持续在全球范围内推进可持续发展理念，能源与环境的可持续发展成为其中最重要的议题。其后一系列国际公约和文件的签署，如《联合国气候变化框架公约》(1992 年)、《京都议定书》(1997 年)、《巴厘路线图》(2007 年)、《哥本哈根协议》(2009 年)、《巴黎协定》(2015 年)、“阿联酋共识”(2023 年)等，在推动全球应对气候变化的同时，不断助推全球绿色可再生能源发展。目前，全球已有百余个国家先后公布了其净零排放路线图，我国也提出实现碳达峰碳中和的战略目标，在此过程中，风光等可再生能源必将逐渐取代传统的煤炭、石油、天然气等化石能源，成为社会最主要的能源形式。

能源是推进人类社会发展的基石，煤炭、石油、天然气等化石能源，逐渐被风光等绿色可再生能源替代的过程，也是人类文明进步和可持续发展能力不断提升的过程。由于风光等可再生能源固有的随机性、难以预测和难以调控特性，在其占比不断提高的过程中，必然给人类社会能源系统带来诸多挑战。

1.1.2　社会能源系统及其演变

如前所述，现代意义的 Energy 一词诞生于第一次工业革命中期的 1802 年。能源系统的概念出现时间则更晚，一般认为是伴随着社会能源需求的激增，能源工业规模不断扩大、复杂性不断增加过程中，人们逐渐意识到需要从系统角度来审视社会能源在开采、传输、分配、使用等过程中的相关问题时，能源系统的概念才逐渐清晰。联合国政府间气候变化专门委员会(The Intergovernmental Panel on Climate Change，IPCC)对能源系统的定义为 All components related to the production，conversion，delivery and use of energy，可译为能源系统是能源生产、转化、传输、分配和使用过程中，涉及的一切设备和环节的总称。伴随着人类社会能源供应来源和方式的变化，社会能源系统也经历了从不同环节相对独立发展到不断耦合和集成优化的发展过程。

1. 社会一次能源系统的演变与发展

至第二次工业革命结束时，煤炭成为社会最主要的一次能源供应源，石油和天然气的用量还相对较少。煤炭作为一种固体燃料易于存储，其大规模和远距离的输运主要依靠公路、铁路、海运等交通工具。当时的社会一次能源系统可看作以煤炭为主要载体，由煤炭的规模化开采、输运、分配和使用等环节构成，能源系统主要关注自身各环节(如煤炭的开采、转运、存储、消费及交易等)之间的有机衔接，主要的耦合关系来自交通运输系统，因为煤炭需经由各类交通工具，实现快捷和低成本的输运和分配。

两次世界大战及战后的全球经济快速发展，石油和天然气成为世界范围内最重要的一次能源。石油、天然气的输运方式较煤炭更为灵活，一方面，它们可借助传统的交通工具进行输运，此时天然气一般需压缩为液化形态(liquefied natural gas，LNG)；另一方面，它们还可以借助更为便利的管线输运，而后者具有可远距离、低成本、大容量输送的优势。因此，自20世纪中叶之后，随着石油和天然气成为欧美主要发达国家最重要的一次能源形式，多数发达国家建立起了石油和天然气的管网输运系统。考虑到在当今社会，石油作为燃料主要用于交通运输业，剩余部分则主要作为工业原料用于工业生产，如美国2020年石油消费的66%用于交通运输，28%用于工业生产，两者占据主要部分。无论是生产、传输和分配环节，石油与其他能源系统的耦合相对较少；此外，石油和天然气在通过网络传输以及在终端环节使用时，具有很多相似的特征，因此，在本书后续章节中，仅以天然气系统为例进行讨论，而不再对两者进行区分。随着我国“双碳”目标的推进，天然气在一次能源中的占比不断提高，我国燃气管网的覆盖范围也会不断增加。在这一发展过程中，由能源网络作为核心骨架的能源系统概念越发清晰。

随着世界各国净零排放时间表的确定和相关工作的不断推进，以风光为代表的可再生能源在人类社会能源中的占比将不断提升。这类能源具有分布范围广但能量密度低的特点，一般需要将其转化为电、热、化学燃料等二次能源，以实现大规模开发、传输和利用。不难预见，在可再生能源主导的未来，二次能源网络及二次能源系统的重要性将更为凸显。

在早期，人类主要使用通过开采获得的天然气，而随着技术的进步，现已可以通过一定技术生产人工合成天然气，如通过电转气(power to gas，P2G)和再甲烷化技术，利用电能和捕捉的二氧化碳生成合成天然气。为便于描述，本书后续章节将统一采用燃气一词来表述，不特别说明时，将不再区分天然气和人工合成天然气。

2. 社会二次能源系统的演变与发展

二次能源一般指由一次能源经转化后形成，并被人类社会利用的能源形式，常见的二次能源包括电能、热能、氢能、化学能(各类化学品燃料)。二次能源网络负责这些能源的传输和分配，最常见的两种网络包括电力和集中供热网络。从历史角度来看，二次能源系统及相关技术出现略晚一些，有据可查的电网和供热网最早出现于19世纪70～80年代，而输油管线最早出现于 19 世纪 60 年代，故可近似认为二次和一次能源系统是同时建设和发展的。

电力系统现已成为全球最重要的二次能源系统。众所周知，第二次工业革命开启了人类社会电气化时代，此后电能作为清洁便利的二次能源，在社会用能中的占比不断提高。社会电气化推进的过程，也是日益庞大、复杂的互联电力系统建立的过程。美国于 1967 年实现了东部和西部两大交流电网的互联，目前整个北美电网由东、西部两大交流电网以及阿拉斯加、得克萨斯和魁北克三个小型交流电网互联而成，该系统服务约 4 亿人口，是世界范围内最大的互联电网之一。欧洲互联电网(European network of transmission system operators for electricity，ENTSO-E)是随着欧盟的建立与发展，逐渐建成的世界上另一大规模互联系统，目前已有 30 多个成员国接入，服务人口超过 5 亿。我国在新中国成立之后，逐步形成了东北、华北、华中、华东、西北、南方等区域电网，于 2000 年前后初步实现全国电网互联。此后，随着超/特高压交直流技术的进步、发展和大量应用，我国的电力系统已成为世界上最大和最为复杂的互联电网之一，服务人口超过 14 亿。电力系统不断发展和壮大的原因，一方面在于电能作为清洁的二次能源，易于远距离、大容量输送，且非常容易转化为其他能源形式，这使其在社会终端用能中的占比不断提升。人类社会的很多用能环节，刚开始采用其他能源形式，后逐渐被电能所替代，即电气化，如照明设备先后采用过燃油、燃气，后逐渐为电灯所替代；铁路机车最早采用木炭、煤炭、石油驱动，已逐渐被电力机车所替代；交通工具中的汽车、舰船、飞机等，正在经历从化石能源向电力驱动的过渡，等等。另一方面，很多一次能源只有借助电力系统，才能实现更大规模的开发利用和更广范围的配置，风光等可再生能源即属于这类情况。因此，随着电能在社会用能中占比的不断提高，在大容量低成本电力储能技术尚未完全解决的情况下，构建日益复杂的电力系统就成为一种必然选择。

城镇集中供热(district heating，DH)系统是另一类常见二次能源系统。早在 14 世纪，就有利用地热能为房屋供应热水的记载，这可视为集中供热系统的雏形。商业运行的集中供热系统，国际上公认出现于 19 世纪 70 年代后期的美国纽约。与高中压电力网和燃气网不同，供热系统无论采用热水还是水蒸气作为介质，都需要供水管和回水管完成介质的传输；此外，供热系统存在很多换热装置，以保证热力管网的运行安全和实现热能的灵活传递，如图 1-2 所示。至今集中供热技术已发展了五代，发展趋势在于尽量减少供热过程中的热量损失(如降低介质与环境之间的温差，从而降低输送过程中的热量损耗)和温室气体排放(如采用可再生能源供能)。由于各国所处地理位置、发展水平、居住用能习惯不同，城镇集中供热在全球范围内的应用不尽相同。欧洲是集中供热应用较为广泛的地区，欧盟自 20 世纪 50 年代开始就积极推动集中供热技术的应用，并与冷热电联供(combined cooling, heating and power，CCHP 或 CHP)等技术相结合，以提高一次能源利用效率和减少温室气体排放。此外，欧盟在积极探讨供冷供热市场机制的建设，希望通过市场化行为促进该领域的技术进步和成本降低。欧洲高纬度国家的集中供热普及率高于低纬度国家，如偏北的冰岛、丹麦、爱沙尼亚等，50%以上建筑采用了集中供热，而南部的希腊、意大利等地则主要在一些大型城市中采用了集中供热系统。北美地区受居民居住习惯的影响，北部大型城市多构建了集中供热系统；除此之外，在一些居民相对集中的社区，也构建了相对独立的社区集中供热系统。中国与北美地区类似，在秦岭黄河以北地区，城市区域内基本普及了集中供热，而秦岭黄河地区仅有少量社区自建了社区级的集中供热系统。

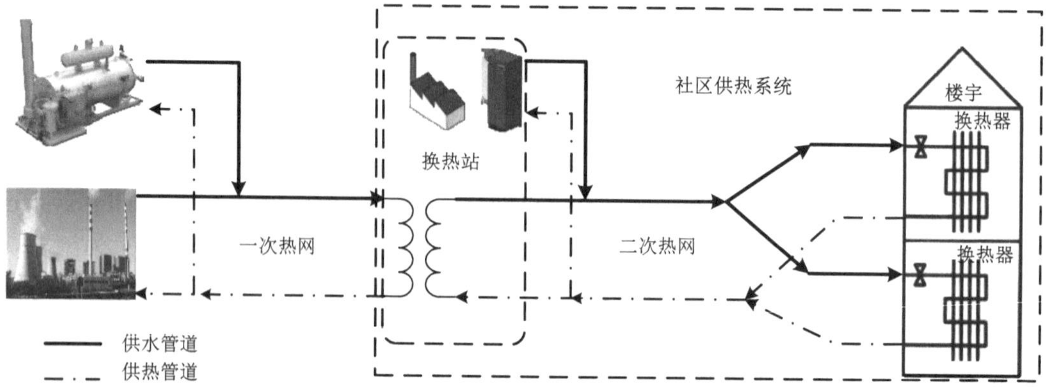

图 1-2　集中供热系统示意图

氢气作为一种重要的工业原料和中间产品，已广泛用于众多工业生产过程。同时，它作为一种清洁的二次能源，在燃烧过程中不产生温室气体，越来越受到社会各界关注。目前，学术界和工业界都在寻求通过可再生能源实现的高效氢制备技术，氢能在未来社会二次能源中必然承担更为重要的角色。与燃气类似，氢气可通过管网方便地进行传输，但到目前为止，全球在运的氢气传输管网仅有约 3000km，且氢气主要用于工业生产领域，在社会二次能源中所占比重仍较小。此外，一些国家正在尝试将一定比例氢气直接混入燃气系统，然后通过燃气管网进行输送；或者将可再生能源产生的氢气，通过再甲烷化后形成合成天然气，再进行传输和利用，因此，在本书中的二次网络中，将暂不讨论纯氢气的传输网络。

1.1.3　能源系统的发展催生综合能源系统

从人类社会一次能源系统和二次能源系统的演变过程中，可以发现，不同能源系统之间的耦合和联系日渐紧密，最终形成如图 1-3 所示的综合能源系统。

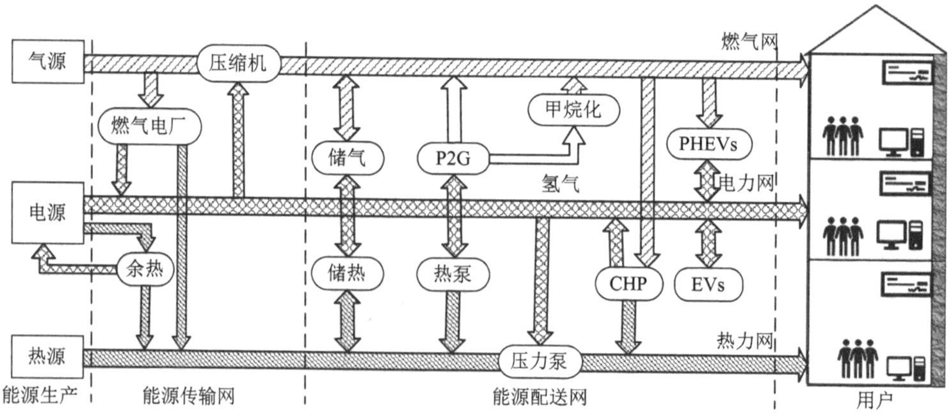

图 1-3　综合能源系统示意图

回顾人类社会能源系统的发展过程，无论一次能源系统还是二次能源系统，在其早期的建设、运营和管理过程中，不同部分均相对独立。但随着系统规模的不断扩大、需求的不断提高和技术的不断进步，不同能源环节之间的耦合越来越多，越来越普遍。煤炭的开采和运输，最初主要依赖于人工或畜力；其后，以煤炭为燃料的蒸汽机，被广泛应用于其生产和运输过程；到如今，煤炭开采多数采用电力驱动的机械，运输则常用电力或燃油驱动的机车、汽车或货船。石油和天然气的开采和输运，由最初的独立运行(如燃气管网压缩机最初多用燃气驱动，现今很多已采用电力驱动)，到如今电能已几乎深入到其生产、输运、转换和使用的每个环节。电、热二次能源系统，从其出现时就与一次能源系统存在紧密联系——系统始端的各类能源变换设备，将它们与一次能源系统紧密耦合在一起，能量的最初流向是由一次能源系统流向二次能源系统。随着技术的发展进步，现在已出现了一些新型能源转换技术，使得能量由二次能源系统向一次能源系统流动成为可能，如P2G电转气技术，可将电网中富余电能，通过化工过程形成合成天然气，实现能量由二次能源系统向一次能源系统的转移。尽管该技术目前仍处在研究和试验阶段，距离广泛商业化应用尚需时日，但其在生产过程中会采用碳捕捉技术，可有效减少温室气体排放而被寄予厚望。总之，随着技术发展，一次能源系统和二次能源系统的耦合会不断紧密，最终形成综合能源系统是一个不争的事实。

1.2 综合能源系统的形态特征及面临的挑战

1.2.1 综合能源系统的形态特征

从前述分析回顾可以看出，综合能源系统事实上很难算作一种全新事物，它的各个组成部分，如电力系统、燃气系统、热力系统等，已存在了很长时间，且在各自独立的领域内已有长期研究和应用。但从将这些组成部分很好地融合在一起，更好地发挥多能互补作用，进而实现人类社会能源的可持续发展这个角度考虑，该领域仍面临大量难题需要破解，综合能源系统仍是一种“新”的对象，需要研究和关注。根据规模的不同，综合能源系统按由大到小的顺序可以分为跨区级、区域级以及用户级。

(1)跨区级：以大型输电、气、煤、油等系统作为骨干网架，链接交通枢纽网络形成广域范围内的能源互联系统。

(2)区域级：以配电系统、配气系统、区域供热系统、供水系统等多种供能网络耦合互联形成的区域社会综合供能网络，起到“承上启下”作用。

(3)用户级：以微网，智能用电系统，电动汽车(electric vehicle，EV)集成，分布式供热、供水等多种供能网络耦合互联形成的用户侧产消一体化供能体系。

可以看出，综合能源系统可实现对电能、化学能、风能、光能等多种形式能源生产、传输、分配、转换、存储、消费等环节的有机协调与优化利用，它以中高压/中低压电网、中高压/中低压燃气管网、供热(介质为蒸汽或水)、供水等多种供能网络耦合互联为骨干网架，具有能源结构复杂、源荷分布广泛、用能特征多样化、能量交互密集、物理信息强耦合等特点。综合能源系统通过对源端(含可再生能源)、能源耦合与存储环节、受端等可控资源的协同利用，可实现非电环节与电力环节的互补支撑。

一个典型的区域级综合能源系统应用场景如图 1-4 所示，能源站为广义多能源耦合节点，以配电网骨架为能源传输的主要载体，与配气系统(natural gas distribution system，NGS)和区域热力系统(district heat system，DHS)互为支撑，向居民区、商业区、工业园区与市政区进行多种形式的能源供应。根据地理特征与用能场景，综合能源系统又可分为枢纽型IES、多能流型 IES 以及微能源网型 IES。其中，枢纽型 IES 与中高压配电/配气/供热系统以及较大型可再生能源基地(如风电场、光伏基地)相连，依托于大型能源站，主要负责区域能源传输与能质的调整(如对电压与燃气气质的调节)；多能流型 IES 依托于分布式能源站与 CCHP、空调、燃气锅炉等耦合组建，以实现多种能源的传输、转换与分配；微能源网型 IES 主要由低压配电/配气/供热系统构成，以满足受端系统多样化能源需求为主要目标，并可实现对需求侧可控资源的聚合与控制，可为综合能源系统提供辅助服务；储能电站接入配电网，通过有序充放电，支撑系统电能的供需平衡，支撑风、光等波动性可再生能源的高效利用。需要指出，图 1-4 仅是一种区域级 IES 逻辑形态的示例，根据区域不同发展阶段、用能需求与耦合场景等因素，其特点各不相同，本书不再一一介绍，感兴趣读者可自行查阅相关资料。

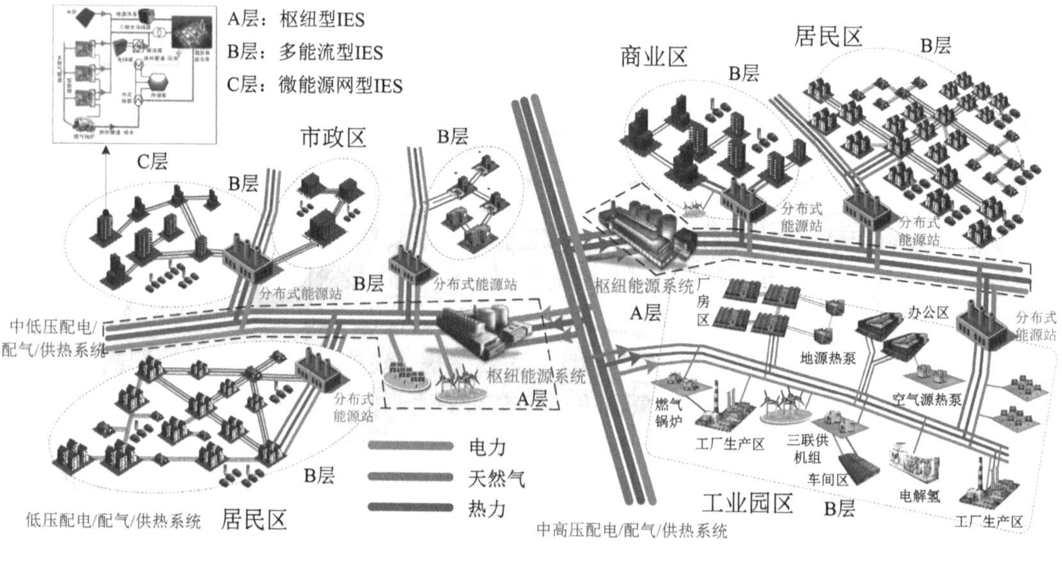

图 1-4　区域级综合能源系统应用场景

与电力系统相比，综合能源系统主要有以下三点关键特征。

(1) 各能源子系统紧密耦合且相互影响。综合能源系统由多种能源子系统(如配电系统、配气系统、区域热力系统等)耦合而成，能源子系统不再彼此分立运行；能源子系统既可为能量供能者，也可成为其他能源供应的对象。这种复杂性使得某一能量环节的变化，不仅对该能源子系统自身产生影响，还会引起与之耦合的能源系统运行状态的变化。

(2) 多能互补与多源协同利用。综合能源系统可充分利用不同能源在运行机理、供需行为、价格属性等方面的互补互济特性，通过能源转换、分配与存储等过程，提高系统的供能可靠性与灵活性；同时，它可实现对“源-网-荷-储”各部分可调资源的协同利用，使得各能量环节紧密相连，可提高系统综合能源利用率。

(3)为可再生能源消纳提供了更多技术手段。先进能源转换技术的发展丰富了电力向其他能源转换的途径，考虑到电力是可再生能源集成的一种重要形式，非电环节可为可再生能源的消纳提供一定的“缓冲”。以P2G为例，该技术可将无法消纳的风电、光伏等可再生能源转化为天然气或氢气，通过转换能源介质实现对可再生能源的存储与利用。电力与热力的耦合同样可实现上述目标，综合能源系统可突破传统“以热定电”模式的局限性，通过电-热耦合能源系统的协调运行，可大幅度降低电力系统弃风弃光水平。

1.2.2 综合能源系统运行面临的挑战

与电力系统不同，综合能源系统具有多种能源输入(电力、可再生能源、天然气、氢能等)，具有电/气/冷/热多种用能形式，同时具有复杂的能源转化和耦合环节，是一个极为复杂的动态系统，在规划和运行时，需要同时考虑其在时间、空间和行为三方面的复杂性：①时间复杂性。主要表现为既要考虑传输速度极快的环节，如电力环节，其能量的传输和变换以光速实现，几乎瞬间完成，其动态在纳秒到毫秒时间尺度上描述；也要考虑传输速度慢、具有较大时延的环节，如燃气、热力等管道系统，其动态需在秒、分钟甚至小时级时间尺度上描述。②空间复杂性。主要表现在研究时，既要考虑单一能源环节内部的动态，也要考虑不同能源环节的相互影响；实现多类型能源的优化与消纳。③行为复杂性。主要表现在既要考虑系统的连续环节，也要考虑大量的不连续(如跃变、切换、滞回等)环节的影响；既要考虑确定性的因素，也要考虑大量不确定性因素的影响；既要考虑可量化因素，也要考虑不可量化因素的影响。时间、空间和行为三方面的复杂性，决定了综合能源系统的运行控制过程十分复杂。

(1)从供能侧来看：高渗透率可再生能源利用是未来综合能源系统的重要特征之一。然而综合能源系统中多数分布式电源依然通过电力电子变换装置并网，具有惯性小、阻尼不足的特点，加之间歇性可再生能源(风能、太阳能等)型电源的出力随外界环境变化而随机波动，无法像常规能源发电一样根据负荷需求变化而动态调整出力。这种随机功率供给与系统中随机的负荷需求构成两组不相关的随机变量，造成系统在多个时间尺度上的功率随机不平衡性大幅增加。随着间歇性可再生能源在系统中渗透率的不断增大，其功率波动性和间歇性对系统可靠运行造成的影响日益加剧。

(2)从用能侧来看：综合能源系统涵盖电/气/冷/热等多种能源利用形式，不同能源之间可通过具有“源-荷”特性(如CCHP、地源热泵等)的设备实现相互转化，耦合交互作用复杂。同时，综合能源系统各类型用户用能需求差异性明显，电/气/冷/热负荷具有明显的时空分布特征，由此导致冷热电用能负荷在不同时间尺度上的预测变得异常困难，运行人员难以有针对性地制定相应的规划方案和运行调度计划，相应控制策略也存在一定的不确定性，给系统的经济可靠运行带来了一定的风险。

(3)从运行管理来看：综合能源系统涉及电/气/冷/热不同能源系统的运行模式、控制设备和耦合环节，既包含易于控制的能源环节(如冷热电联供系统、电储能系统等)，也包含具有间歇性和难以控制的能源环节(如风力发电、光伏发电等)；既包含难以大容量存储的能源(如电能)，也包含易于存储和中转的能源(如热能、燃气、氢能等)；既包含元件级或设备级(如各类电气设备、燃气设备、热力设备等)的动态，也包含单元级能源系统(如建筑系统、CCHP 系统)的动态。相比于电力系统，综合能源系统的优化运行更加复杂。

1.3 储能与综合能源系统的融合

1.3.1 综合能源理念下储能系统基本概念

如 1.2 节所述，综合能源系统涉及各类能源的制、储、运等环节，各环节都能从整体上对多种能源进行统一的协调、优化与调控。然而，随着可再生能源的高比例接入，其不确定性给综合能源系统的稳定运行带来了严峻的挑战。储能系统作为综合能源输入与需求之间的关键环节，能够有效平抑可再生能源的不确定性，可以实现负荷峰谷转移，减少备用电源的安装，是提高可再生能源利用率的有效手段。同时，储能系统还能平衡瞬时能源供需偏差、基于分时电价实现负荷削峰填谷、提高整个综合能源系统的经济性。

我国储能领域研究和技术应用正处在快速发展阶段。电力储能技术价格昂贵制约了其在电源侧和用户侧的大规模使用，故亟需寻求更为经济有效的储能手段。随着可再生能源的大规模增加，单一类型电储能很难满足综合能源系统在容量、成本和时间方面的要求。为了最大限度地提升储能技术在综合能源系统中的效益，降低储能的投资成本和运行成本，将储能技术进一步拓展至电/气/冷/热多能环节，由此形成的储能在本书中称为多元储能技术或多元储能系统。该系统有助于不同类型储能系统之间的互补协调，更好地满足综合能源系统运行需求，因此受到广泛关注。综合能源系统理念下的多元储能技术按存储能量形式的不同可划分为电储能技术、热/冷储能技术、氢储能技术，以及虚拟储能(virtual energy storage，VES)技术等。

1. 电储能技术

电能存储具有多种方式，因此可以将电储能划分成物理储能、电化学储能以及电磁储能。其中，物理储能包含抽水蓄能、压缩空气储能、飞轮储能等技术手段；电化学储能又包含液流电池、锂电池等形式；电磁储能则主要包括超导电磁、超级电容等。抽水蓄能是最常用的、应用范围最广的物理储能技术，其工作原理主要是将过剩的或者低成本的电能通过抽水装置把低地势水库的水抽到高地势水库中，转换成势能的形式进行存储。当有供电需求时，上游水库的水驱动水轮机进行发电，重新产生电能供给负荷。抽水蓄能技术存储容量大，且具备黑启动、调频、填谷以及调峰等功能，技术非常成熟，已被广泛应用。但是该项技术深受地理水文等环境条件的限制，应用条件较为严苛。压缩空气储能技术通常是利用过剩的或者低成本的电能对空气进行压缩存储，在有供能需求时，利用压缩空气做功重新产生电能供给负荷。通常选择将压缩之后的空气存储于山洞、废弃的矿井或者油气井中。正因如此，压缩空气储能的应用受到较多存储选址的限制。但是该技术具有安全性较好、寿命长、成本较低等优点。飞轮储能是一种以动能形式存储能量的机电储能设备。飞轮储能有一个旋转圆柱体，与一台电机相连，在充放电过程中，电机充当电动机和发电机，而飞轮储能的总能量与旋转圆柱体的速度和质量有关。在充电过程中，电机起到电动机的作用，加速旋转并增加飞轮圆柱体的储能。在放电过程中，电机起到发电机的作用，飞轮圆柱体带动发电机发电，将自身蕴含的动能转化为电能，自身转速不断降低。飞轮储能具有低能量密度、迅速响应、高功率密度以及高循环寿命等特性。电化学储能作为一种常见的储能形式，被广泛应用于各行业中，其中，锂电池和铅酸电池是主要的商业化应用产品。在电力系统中风光等新能源并网规模不断扩大，电网亟需新的调控手段的背景下，电化学储能被寄予厚望，并网规模不断增加。

超导电磁储能是以磁场形式存储能量的电磁存储系统，由三个主要部件组成：制冷系统、超导线圈和功率调节系统。在充电过程中，电流流过超导线圈，能量存储在超导线圈的磁场中。在有放电需求时，通过功率调节装置将超导中的能量重新转化成电能，用以供能。在工作过程中，制冷系统对超导线圈制冷，保障其温度不超过临界温度。超导电磁储能具有快速响应、高功率密度、高循环寿命和低能量密度的特点。

超级电容是不同于传统电池储能与电容器的新兴储能技术，通过电解质将电极隔开，形成夹层界面来达到存储电能的目的。常见的超级电容器将电能直接存储在电极之间的静电场中，而不是将其转换为另一种形式的能量。该技术的优点是循环寿命长、免维修、绿色环保以及功率密度高等。

2. 热/冷储能技术

热储能技术包括显热储能、潜热储能和化学反应热储能三种类型。显热储能是最简单和常用的，通过储热材料进行热量交换，不改变材料的相位，但会改变存储介质的温度，储热设备储存的热量通常与温度成线性关系。显热储能能量密度较低，并且在任何温度下都会产生热能损失，常用的存储材料有陶瓷、水和油，广泛应用于工业和住宅领域。潜热储能在特定温度区间内，材料发生相变，实现热量转移，常用材料有熔盐、石蜡和水/冰，传热方式有直接潜热和间接潜热。化学反应热储能通过可逆化学反应保留化学势能，能量密度高、效率高，但反应效率随时间降低，材料需具备高反应焓、快速反应动力学、高导热系数和良好的循环稳定性，因此遴选性能优越的化学反应热储能材料是关键。

冷储能技术利用物质的显热和潜热特性，将低于环境温度的热量储存并在需要时释放，蓄冷方法包括水蓄冷、冰蓄冷、共晶盐蓄冷和气体水合物蓄冷等。水蓄冷技术多用于空调系统，利用电网的峰谷电价在夜间（电价低谷期）进行蓄冷，白天（电价高峰期）释放，具有成本低的优势。冰蓄冷技术通过相变潜热，在夜间制冰，白天融冰释放冷量，减少高峰时的用电负荷。共晶盐蓄冷技术利用固液相变特性，效率高、蓄冷体积大，但密度小、初始成本高、热交换性能差。气体水合物蓄冷在低温高压下生成笼状晶体化合物，密度大、效率高。

3. 氢储能技术

氢能作为低碳清洁能源，应用前景极为广阔。近些年，氢能的大力提倡与发展，使氢能的利用率越来越高，世界各国高校与科研机构一直注重氢能的研发且在一些方面已取得重要成果，如氢氧燃料电池、氢能汽车、加氢站、移动式储氢装置等。氢能的提倡也使电制氢技术与储氢技术共同发展起来，随着电制氢技术和储氢技术的逐渐成熟，已有多项研究将两者一起并入综合能源系统中，在与燃料电池的协调配合下，形成了电-气-氢-电的能量转化与循环，促进了综合能源系统的多网耦合与能源互补的运行优势，利用氢能绿色的特点，助推综合能源系统向绿色低碳方向发展。

储氢方法是氢储能中的核心技术环节，一般分为气态储氢、液态储氢和固态储氢三类。气态储氢的材料通常采用不锈钢或铝合金构成，具有寿命长的优势，但储氢效率较低。液态储氢技术由于内部的氢为液态氢，要求容器的绝热能力强，因此不太常用于综合能源系统中，而较多应用于火箭等特殊领域。固态储氢技术则通过多种材料（如金属氢化物、化学氢化物等）实现氢的存储和释放。其中，金属氢化物储氢是利用金属与氢气之间的化学反应来实现储氢，一般当外界温度升高时，金属氢化物开始释放氢气。

相较于其他存储手段，储氢技术具有存储规模大、时间长等特点，但受限于材料、工艺、技术以及氢气本身的理化特性等，当前的储能技术成本高、效率低，氢储能的规模化应用还有较长的路要走。当前，最为常用的储氢技术为储氢罐，其由于相对较低的成本、较高的效率以及低耗能的优点，多用于综合能源系统中，旨在提高系统中的氢能传输的灵活程度。

4. 虚拟储能技术

虚拟储能(VES)是一种聚合综合能源系统中的源、网、荷端可调度灵活性电源、能源网和多能负荷，以存储系统剩余能量或向系统注入短缺能量，从而发挥与前述实体储能相同调节作用的一类技术手段。虚拟储能并非真正的物理储能装置，而是利用电/气/冷/热用能形式之间的互补特性，以及需求侧电动汽车及温控负荷等柔性资源的主动响应能力，依托定制化控制策略对外表征出的电功率和能量的存取能力。虚拟储能系统的构建首先要明确其物理组成，还要综合考虑内部各单元的物理约束以及用户的复杂用能行为约束。建模过程涉及电/气/冷/热全环节的复杂物理过程，属于对多能互补潜力的一种储能模型化建模思路。考虑到在能量优化调度过程中，虚拟储能均可达到类似储能设备的能量平移、削峰填谷的效果，因此，通常以抽象的统一化特征或虚拟参数来代替设备实际物理参数。考虑到不同类型储能设备具有相似的工作特性，通常可用充放能功率、容量、荷能状态等物理量作为虚拟储能参数进行评估和建模。

类比实际储能装置的工作特性，可对 VES 的充放能功率、虚拟储能容量、充放能时间以及虚拟荷能状态等指标进行定义。VES 的充放能功率代表了其参与综合能源系统优化调度时等效功率的大小，对于设备级 VES 来说，其值取决于设备的开关状态。虚拟储能容量反映了 VES 的性能和规格。VES 的充放能时间决定了 VES 的可持续响应能力。虚拟荷能状态(virtual state of charge，VSOC)可视为 VES 剩余能量的指标状态，直接代表设备或系统的响应能力。通过在综合能源系统内引入 VES，可为其运行调控提供新的思路。其作用包括：

(1)结合对灵活性资源的控制以及与能源价格的实时互动，将各类灵活资源出力的增加或减少等效成 VES 的放能或充能，将灵活性负荷复杂的微观动态模型等效成线性的宏观蓄放能模型，一定程度上减小了系统优化运行的规模，提高了求解效率。

(2) VES 作为一种以能源设备出力或能源网络容量变化为基础的缓冲能源的新方式，在保持系统稳定运行的同时，通过挖掘多能互补的协同灵活性，从而提高综合能源系统的经济性和环保性，提升系统可再生能源消纳能力。同时在一定程度上可大幅减少实体储能的建设投资，满足综合能源系统发展对于储能的迫切需求，相较于实体储能具有良好的经济性。

(3) 对综合能源系统的电、热、冷、气等各种异构的能源要素进行数字化抽象和虚拟化，把物理上和化学上特性各异的能源进行归一化整合，打破能源在时空上的差异性壁垒，凸显能源可视、可管控特性，实现综合能源系统能源的时空可变、粒度可控的动态优化调控。

1.3.2 多元储能对综合能源系统的支撑价值及应用场景

综合能源系统要求各能源子系统之间协调互动、协同互补。储能系统的特性可以弥补由大规模可再生能源接入电网所造成的功率、频率以及电压波动，并有助于对各能源子系统进行解耦控制，因此储能技术将是未来综合能源系统的核心环节。综合能源系统中各能源子系统之间的融合沟通需要储能技术的支持，例如，通过移动储能、电动汽车等联结电力系统与交通系统，利用制氢技术等化学储能方法联结电力系统与天然气系统，利用储电及储热系统等联结电力系统与热力系统。综合能源系统中储能技术的最终目标在于实现多元能源系统在时间、空间维度上的尽量解耦和互补协同，从而提高整个能源系统的运行灵活性、安全性和经济性。

规模化能源子系统之间能量的单、双向转化及存储技术可协调集中式能源生产，实现多能源系统运行协调配合。利用能源系统产供销各环节存储装置和技术合理确定(最优化)能量存储和转化方案，可实现储能技术最大限度参与广域能量协调调度和管理的目标，为大规模能源生产利用提供“缓冲”，为跨区综合能源系统能量互补提供支撑。例如，对于集中式能源生产，特别是风电机组与光伏机组的输出功率，受环境影响具有波动性与不确定性，风电机组所具有的反调峰特性更是使得并网消纳十分困难。一个典型例子，就是中国的“三北”地区，相对落后的经济条件与化石类以及风光资源相对丰富的自然条件，导致了可再生能源并网消纳困难。从技术层面，通过合理设置储能装置的安装位置、优化装置容量以及调整能源生产耦合环节的调度方式，能够达到电-热-气解耦的效果，结合需求侧响应，可为富余发电利用提供缓冲，为可再生能源并网运行留出较大空间，以此提高系统经济性，进而减少来自一次能源的污染。

在综合能源系统中，区域综合能源系统是跨区综合能源系统和终端能源系统的连接点，承担着管理分布式能源、电动汽车、散点用户的重要责任，既要最大限度地满足下游需求侧多元化需求，又要具有与大电网断开后孤岛运行的能力。在这种情况下，储能可以聚合起产能端和用能端资源，与能源转换装置相互配合共同维持系统和能源市场的灵敏高效运行。未来区域综合能源系统中的受控设备数量将逐渐增多，此时储能系统的优化配置将成为核心问题，即通过综合考虑各类设备以及储能技术的特性，合理选择储能装置配置数量类型、寿命、容量，在保证经济效益和环境效益的前提下，辅助大电网、微电网及用户侧的整体设计运行，进而提高可再生能源的利用率和综合能源系统的整体运行效率。

用户侧综合能源系统是终端能源系统的主要形态，具有自平衡特性是其重要特征，其中，自平衡特性是指依靠单元内部的源网-荷-储协调互动、多能互补，而非依靠大电网的供给来实现系统的自我供需平衡。针对可再生能源的波动与终端用户的不确定行为构成的双侧不确定性，储能系统可提供一系列的辅助服务以避免发电量损失，并通过多源多储的协同控制达到能量即插即用的目的。此时储能装置充当稳定器，增强供能稳定性，提高供能经济性。

根据前述内容，储能系统可以通过改变其充放能功率，在各层级综合能源系统中发挥重要作用，然而，由于综合能源系统规模庞大、类型多样，涉及的源网-荷-储设备种类较为复杂，储能系统的应用场景也根据研究对象的不同而存在差异。因此本节重点分析综合能源系统中储能的三种应用支撑场景。

1. 提升新能源场站的并网性能

新能源场站侧并网储能的作用主要为提升新能源消纳能力、跟踪计划出力、平抑功率波动等，此外，还可以提升新能源调度性能、降低旋转备用容量、辅助服务、安全支撑等。由于新能源出力具有间歇性和不确定性，新能源出力的精准预测非常困难，高渗透率新能源的波动性给电网带来了新的挑战，储能技术可以提升新能源场站跟踪计划出力的能力，平抑功率波动。

2. 提升系统运行稳定性

电网侧并网储能的作用主要为辅助服务、延缓设备扩容等，此外，还可以提升新能源消纳、供电可靠性、电能质量等。大规模储能的双向调节能力，可为电网提供快速有功、无功支援，使得系统安全稳定运行，主要包括调峰、调频、备用支持、安全支撑等。传统的启停调峰机组应对负荷需求与新能源发电波动的方式不仅不经济，同时也不利于机组的安全稳定运行，储能可以节约传统调峰机组的运行成本、延长使用寿命；新型储能还能够灵活响应系统快速调节需求，实现频率调节；此外，还可以减少发电机组的备用容量；当电网面临紧急状态，如直流闭锁时，能够快速提供紧急支撑能力。电网输配电设备的容量通常根据地区年最大负荷需求进行规划建设，极易造成谷段负载率低、峰段负载率高、设备利用率水平整体偏低的问题。合理配置储能可以缓解输变电设备过载，提高设备的利用效率，为输变电设备改造升级提供缓冲时间。

3. 适应系统多功能应用需求

在储能推广应用的情形下，围绕储能资源互通共享的目标，储能将持续向提升精度、可信度和协同优化水平的方向发展，呈现信息高度融合和智能化特征，关键技术包括：多类型多点储能协同规划技术，综合能源系统中大规模储能多场景调度运行控制技术等。随着储能应用的深入，储能的技术特征、适用场景逐渐呈现精细化的特性。根据不同场景下对储能时间尺度的差异化需求，可将储能划分为短时、中长时间尺度、超长时间尺度等类型，不同类型、并网节点的储能系统将呈现主导-辅助多级功能，将借助大数据技术、人工智能技术实现优化调度、在线监控，提升储能系统的综合应用效能。储能技术可在时空尺度上缓解电能生产与消费的不一致问题。从需求来看，需要借助储能提高可再生电源的并网性能和消纳能力、缓解输电线路阻塞压力、提升系统紧急功率支撑水平、提高用户侧分布式可再生电源接入能力、保证供电可靠性、满足用户电能质量需求、实现用户智能电能管理。

1.4 本书的主要内容

本书以储能与综合能源系统为主题，采用“系统概念-应用技术-工程应用”的逻辑框架，力求为读者提供全面且深入的知识体系。

第 1 章为绪论，从能源系统变革演化的视角，给出综合能源系统的形成及发展历程，剖析储能对综合能源系统的重要性。第 2～4 章将系统地介绍电力系统、综合能源系统和综合能源系统中的储能的基本概念、运行机理及模型构建。首先，详细探讨电力系统的运行原理和关键特性，并以综合能源系统中常见的配电网为例，描述电力潮流计算的基本方法；接着，介绍综合能源系统的多能互补机制，提供燃气系统、热力系统和多能源耦合环节的建模方法，并将电力潮流计算扩展至综合能源系统的多能流计算；最后，重点讲述综合能源系统中的储能的技术基础和应用模式，分析电储能、热储能、氢储能以及多能源等效的虚拟储能等多元储能技术的特点及其在综合能源系统中的作用。由于这些内容涉及物理、化学、材料、机械和电气等多个学科的交叉，章节内容丰富，旨在帮助读者建立扎实的理论基础并扩展识面。为了适应储能科学工程和电气工程等专业本科生的学习需求，书中对一些复杂的理论内容进行了简化，重点讲解基础原理和关键特性，并配以实际应用案例，帮助读者将理论知识与实际应用相结合，形成具体的理解。

第 5 章专注于含多元储能综合能源系统的优化运行技术。该章结合最优化理论，深入剖析含多元储能系统的多能流优化和多时间尺度优化调度方法。首先，介绍电力系统最优潮流的基本概念和计算方法；进而，将其引申至综合能源系统多能流优化的原理和实现方法，分析不同能源形式在综合能源系统中的协同作用及优化路径；最后，详细讲解多元储能参与和多时间尺度下的系统优化调度方法，通过具体的算法和模型实例，展示如何在实际应用中实现系统的最优运行。该章内容不仅涵盖理论知识，还结合实际操作，力求为读者提供理论与实践的结合点。

第 6 章面向实际工程需求，展示含储能综合能源系统的典型应用案例。通过对工业园区综合能源系统的详细实例分析，揭示储能与综合能源系统融合后的应用价值，并对这些案例进行详细分析，探讨在设计、实施和运行过程中遇到的挑战和解决方案，为读者提供参考。案例分析不仅使理论知识更加生动，也为读者提供实际操作和应用的指导。

通过系统、详尽的阐述，本书旨在帮助读者全面理解储能与综合能源系统的基础理论、应用技术和工程实践。通过对基础理论的讲解和实际案例的分析，帮助读者提升专业素养和实际应用能力，从而更好地应对未来储能与综合能源系统领域的挑战和机遇。

第2章 电力系统

2.1 电力系统概述

电力系统是综合能源系统的重要组成部分，在未来新型能源体系中将承担重要角色。它是由生产(电源)、输送分配(电网)、消耗(负荷)以及存储(储能)电能的所有电气设备组成的统一整体。它的主要设备包括生产电能的发电机、输送和分配电能的变压器、存储电能的储能站、电力线路以及消耗电能的各种用电设备(如电动机等)。这些直接承载能量的设备集合，习惯上称为一次系统。电力系统还包括继电保护设备、安全自动设备、通信设备和调度自动化等装置。这些用于监测、控制、通信和辅助决策的软硬件，一般称为二次系统。电力网是指电力系统中除去发电机和用户，剩余的变压器和电力线路所组成的输送与分配电能的网络。电力系统的示意图如图 2-1 所示。

1. 电力网络额定电压等级与频率

电力网络比较庞大，含有各种电压等级，因而有时又把电力网分为输电网络和配电网络。输电网络的作用是将各个发电机所发出的电能送到负荷中心，由于距离远、功率大，为了减少电能损耗，因而往往采用较高电压等级(如 220kV、330kV、500kV、750kV 以及 1000kV 等输电网常用额定电压等级)，不同电压等级的线路是不能直接相连的，它们必须通过变压器进行连接，因而输电网络是由连接发电厂和各个负荷中心的变压器和较高电压等级的电力线路所组成的网络。

电力系统中用户所使用的电器设备种类繁多，它们的电压等级从 380V(相电压为 220V)到 110kV，甚至更高。为了满足用户的用电需要，电力部门必须把输电网送过来的电能进行分配，用较低的电压等级(如 110kV、35kV、20kV、10kV 以及 380V 等常用配电网电压等级)送到相应的企事业单位及千家万户。这一部分电网一般称为配电网络，由于这一部分用户既分散又众多，因而配电网络的接线是十分复杂的，遍布各个用电角落。同时，微型燃气轮机、电锅炉、常规冷机等多能耦合转换装置以及综合能源站等能源枢纽也主要在配电网层级实现与电力网络和其他能源网络的耦合互联。

电力系统中的许多用电设备的运行状况都同频率有密切的关系，尤其是电动机的转速，因此必须规定运行频率，世界各国所规定的频率并不完全相同，目前，主要有 50Hz 和 60Hz 两种，我国电力系统的额定频率规定为 50Hz，也就是工业用电的标准频率，简称工频。

2. 电力系统运行需求

1)保证安全可靠持续供电

要最大限度地满足用户用电的要求，对负荷按照不同级别分别采取适当的技术措施来满足它们对供电可靠性的要求。为此供电部门一方面必须从各个方面采取措施防止和减少事故的发生，另一方面还必须配备足够的电源，完善电力系统的结构，提高电力系统的监视和控制能力，增强系统运行的稳定性。

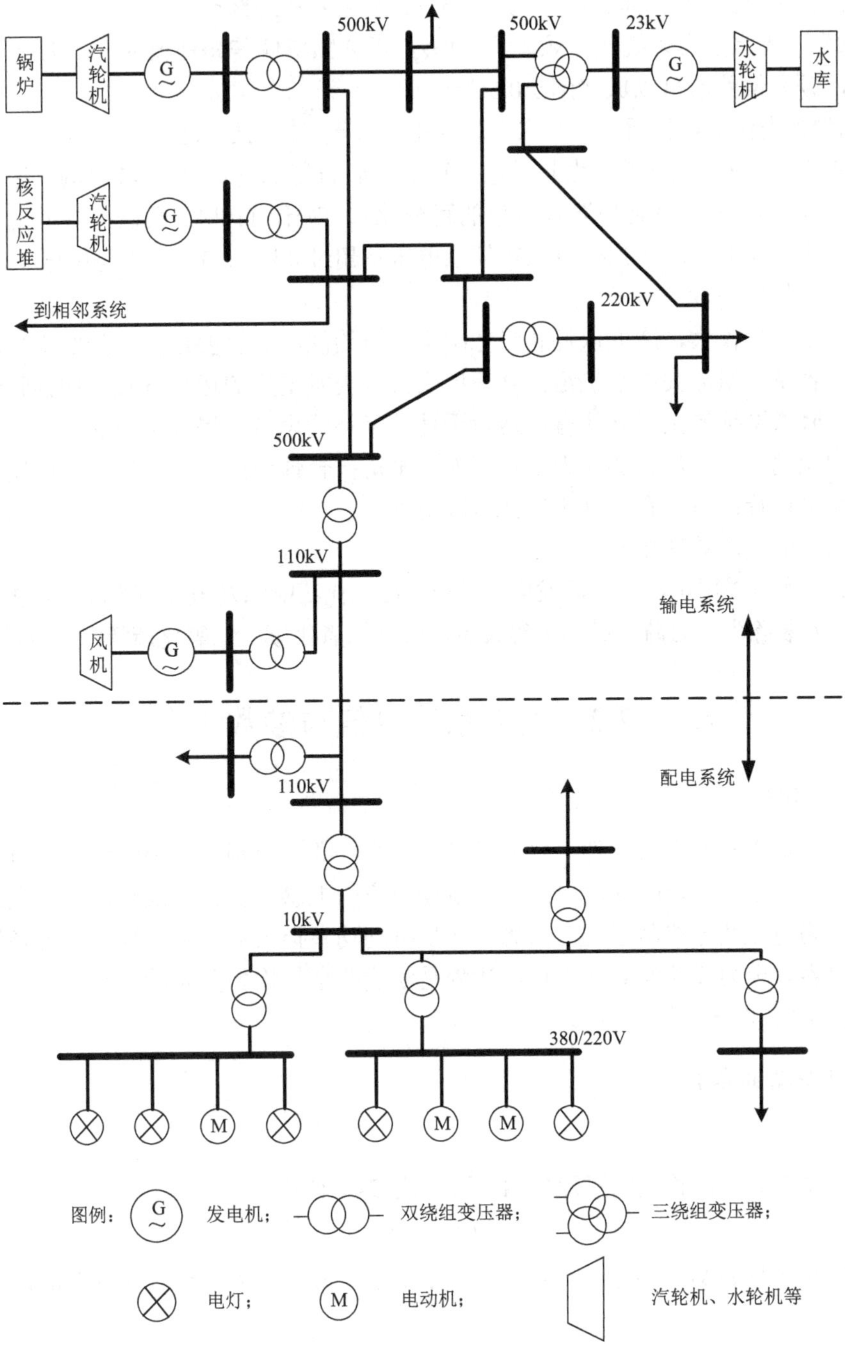

图 2-1　电力系统的示意图

2) 保证电能的质量

电能与其他商品一样，也有质量指标。衡量电能质量的主要指标是电压、频率和谐波。

电能质量的各项具体指标如下：

(1) 电压幅值。对于 35kV 及以上电压级允许变化范围为额定值的±5%，10kV 及以下电压级允许变化范围为±7%。电动机：±5%；照明：−2.5%～3%。

(2) 频率。我国电力系统额定频率为 50Hz，正常频率偏差允许值为±0.2Hz，当系统容量较小时，频率偏差值可以放宽到±0.5Hz。

(3) 谐波。为保证电压质量，要求电压为正弦波形，但由于某些原因，总会产生一些谐波，其会造成电压波形的畸变。为此对电压正弦波形畸变率也有限制(波形畸变率是指各次谐波有效值平方和的方根对基波有效值的百分比)，对于 110kV 及以上供电电压不超过 2%，35kV 供电电压不超过 3%，10kV 供电电压不超过 4%，0.38kV 供电电压不超过 5%。

3) 有良好的经济性

电能的生产规模大，降低煤耗和降低网损是节约能源的重要途径。降低煤耗的具体方法有投入大容量机组，关停小机组；合理地安排各类发电厂的运行方式；加强管理，降低厂用电率。降低网损的主要方法有：装设无功功率补偿设备，提高用户的功率因数，减少线路输送的无功功率，尽力实现无功功率就地平衡；合理地确定电网的运行电压水平；保证变压器经济运行；对原有电网进行技术改造等。

4) 控制电能生产的碳排放

一方面，尽量采用可再生能源发电；另一方面，化石能源发电要符合环境保护标准，通过在火电厂安装除尘、去硫、碳捕集等设备，限制二氧化碳、二氧化硫等污染物的排放量。

2.2 电力系统等值与参数

2.2.1 电力线路

作为构成电力网的主要元件，电力线路有四个参数，分别是反映线路通过电流时产生有功功率损耗的电阻、反映载流导线产生磁场效应的电感(电抗)、反映线路带电时绝缘介质中产生泄漏电流及导线附近空气游离而产生有功功率损失的电导、反映带电导线周围电场效应的电容。电力线路参数通常可以认为是沿线路全长均匀分布的，单位长度的参数为电阻 r、电感 L、电导 g 及电容 C。

1. 电力线路的参数

1) 电阻

有色金属导线单位长度的直流电阻 r 可按式(2-1)计算：

$$r = \rho / S \tag{2-1}$$

式中，r 的单位为 Ω/km；ρ 为导线电阻率(Ω·mm²/km)；S 为导线载流部分的额定截面积(mm²)。

2) 电感

三相线路的电感分为自感和互感。

首先讨论自感。电流通过导体时将在导体内部及其周围产生磁场。当磁导率为常数时，与导体交链的磁链ψ就同电流i的比值为常数，其比值即为导体的自感L。

$$L = \psi / i \tag{2-2}$$

其次讨论互感。设导体A和导体B相邻，导体B中的电流i_B产生与导体A相交链的磁链为ψ_{AB}，则定义互感M_{AB}为

$$M_{AB} = \psi_{AB} / i_B \tag{2-3}$$

3) 电导

架空线路的电导是用来反映泄漏电流和电晕引起的有功损耗的一种参数。一般线路绝缘良好，泄漏电流很小，可以将其忽略，主要考虑电晕引起的功率损耗。电晕现象就是架空线路带有高电压的情况下，当导线表面的电场强度超过空气击穿强度时，导体附近的空气游离而产生局部放电的现象。

当气象条件不利或运行电压过高时，运行电压可能超过临界电压而产生电晕。运行电压超过临界电压越多，电晕损耗越大。如果三相线路每千米的电晕损耗为ΔP_g，则每相单位长度等值电导g为

$$g = \frac{\Delta P_g}{U^2} \times 10^{-3} \tag{2-4}$$

式中，g的单位为S/km；ΔP_g的单位为kW/km；U为线电压(kV)。

由于正常运行时线路一般不会发生电晕，因此在一般的电力系统计算中可以忽略电晕损耗。

4) 电容

线路的电容用来反映导线带电时在其周围介质中建立的电场效应。当导体带有电荷时，若周围介质的介电系数ε为常数，则导体所带的电荷q与导体的电位U的比值为常数，其就是导体的电容：

$$C = q / U \tag{2-5}$$

考虑到三相线路及其镜像构成的多导体系统，并计及线路间的复杂耦合影响，再经简化，得到每相单位长度等值电容为

$$C = \frac{0.0241}{\lg \frac{D_{eq}}{r}} \times 10^{-6} \quad \text{F/km} \tag{2-6}$$

式中，D_{eq}为三相导线间的互几何均距(mm)；r为导线的计算半径(mm)。

在额定频率下，线路每单位长度的一相等值电纳b为

$$b = 2\pi f_N C = \frac{7.58}{\lg \frac{D_{eq}}{r_{eq}}} \times 10^{-6} \quad \text{S/km} \tag{2-7}$$

式中，f_N为系统额定频率(Hz)；r_{eq}为一相导线组的等值半径(mm)。

2. 电力线路的等值电路

线路既可以采用Π型等值电路表示，也可以采用T型等值电路。如图2-2所示，电力

系统的实际计算中大多采用Π型电路。在Π型等值电路中，除串联线路总阻抗 $Z=R+jX$，还将线路的总导纳 $Y=G+jB$ 的各一半分别并联在线路的始末端。各参数可以直接用线路参数单位长度值乘以长度作为线路总阻抗和总导纳的近似值。

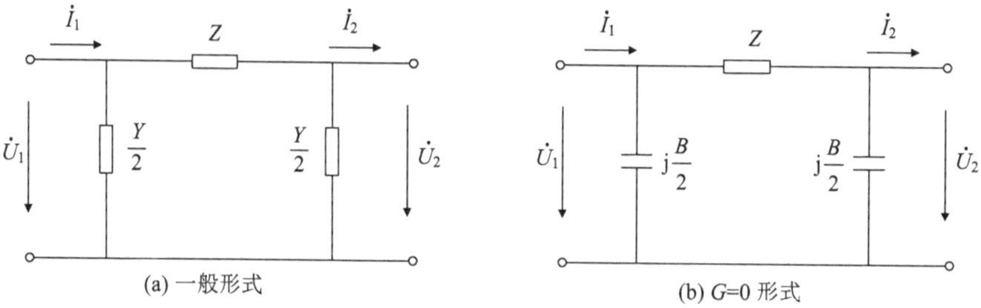

图 2-2　电力线路的Π型等值电路

2.2.2 变压器

1. 变压器的等值电路

在电力系统的分析计算中，双绕组变压器的近似等值电路如图 2-3(a)所示。等值电路习惯将励磁支路前移到电源侧，并将二次绕组的阻抗折算到一次侧与一次绕组的阻抗合并，用等值阻抗 R_T+jX_T 来表示。

三绕组变压器的等值电路同样也采用这种励磁支路前移的方式，其星形等值支路如图 2-3 (b)所示，图中所有参数值均为折算到一次侧的值。

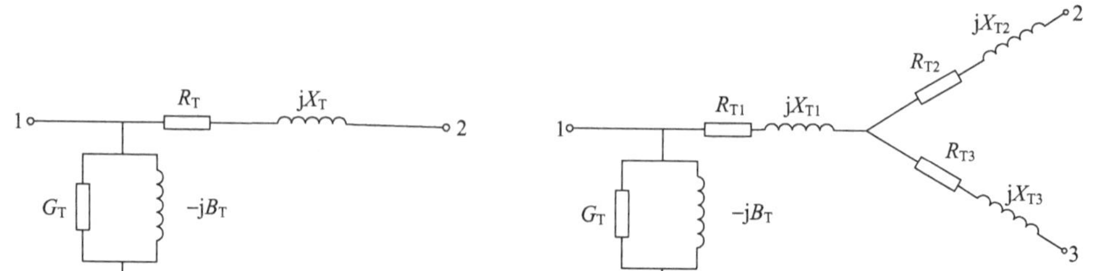

图 2-3　变压器的等值电路

从图 2-2、图 2-3 中可以看出，变压器与线路等值电路的相同点是都包括串联的阻抗支路和并联的导纳支路，但是二者的并联支路有所不同，线路是容性的，将发出无功，而变压器是感性的，将吸收无功，因此线路等值电路中的电纳 B 前没有负号，而变压器等值电路中的 B 前有负号。下面以双绕组变压器为例讲解变压器等值电路各参数的计算方法。

2. 变压器电路参数计算方法

变压器的参数包括等值电路中的电阻 R_T、电抗 X_T、电导 G_T 和电纳 B_T 以及变压器的

变比 k。变压器的前四个参数可以从出厂铭牌数据计算得到。与这四个参数一一对应的四个铭牌数据分别是短路损耗 P_K、短路电压百分比 $U_K\%$、空载损耗 P_0、空载电流百分比 $I_0\%$。

参数 R_T 和 X_T 从短路试验得到。变压器作短路试验时，将一侧绕组短接，在另一侧绕组施加较小的电压，使短路绕阻的电流达到额定值。短路试验时，励磁电流和铁心损耗可忽略不计，试验所得结果只反映了 R_T 和 X_T。

参数 G_T 和 B_T 可从空载试验得到。变压器空载试验时，将一侧绕组开路，在另一侧绕组施加额定电压。此时由于绕组开路，R_T 和 X_T 所在绕组支路没有电流，试验所得结果只反映励磁支路的 G_T 和 B_T。

1) 电阻 R_T

变压器短路试验时外加电压较小，相应的铁损很小，可以认为短路损耗即等于变压器通过额定电流时原、副边绕组电阻的总损耗，即铜损

$$P_K = 3I_N^2 R_T \tag{2-8}$$

于是

$$R_T = \frac{P_K}{3I_N^2} \tag{2-9}$$

电力系统计算中习惯用容量和电压，可把式(2-9)改写为

$$R_T = \frac{P_K U_N^2}{S_N^2} \times 10^3 \tag{2-10}$$

式中，R_T 的单位为Ω；P_K 的单位为 kW；U_N 为额定线电压(kV)；S_N 为三相额定容量(kV·A)。本节后各式中 S_N 和 U_N 的含义及单位均与此式相同。

需要指出，U_N 在变压器不同侧是不同的，因此，变压器参数有名值计算存在归算问题，原则是采用哪侧电压则计算结果就是归算到那一侧的值，例如，110/11kV 变压器，U_N 取 110kV 时，所求得的 R_T 为归算到 110kV 侧的值。

2) 电抗 X_T

当变压器通过额定电流时，在电抗 X_T 上产生电压降的大小，一般采用额定电压的百分数表示，即

$$U_X\% = \frac{\sqrt{3} I_N X_T}{U_N} \times 100 \tag{2-11}$$

于是

$$X_T = \frac{U_X\%}{100} \times \frac{U_N}{\sqrt{3} I_N} = \frac{U_X\%}{100} \times \frac{U_N^2}{S_N} \times 10^3 \tag{2-12}$$

变压器铭牌上给出的短路电压百分数 $U_K\%$，是变压器通过额定电流时在阻抗上产生的电压降的百分数，即

$$U_K\% = \frac{\sqrt{3} I_N Z_T}{U_N} \times 100 \tag{2-13}$$

3) 电导 G_T

变压器的电导用来表示铁心损耗。由于空载试验时绕组中的电流很小，铜损可以忽略

不计，因此可以近似认为变压器此时的空载损耗等于铁损，即 $P_{Fe}\approx P_0$，于是

$$G_T = \frac{P_{Fe}}{U_N^2}\times 10^{-3} = \frac{P_0}{U_N^2}\times 10^{-3} \tag{2-14}$$

式中，P_{Fe} 和 P_0 的单位均为 kW；G_T 的单位为 S。

由于一般运行电压与额定电压相差不大，故铁损可直接近似使用空载损耗值。

4) 电纳 B_T

变压器运行时将从系统吸收无功功率用于励磁，变压器的电纳代表变压器的励磁功率。变压器空载电流包含有功分量和无功分量，与励磁功率对应的是无功分量。由于有功分量很小，无功分量和空载电流在数值上几乎相等。根据变压器铭牌上给出的空载电流百分比 $I_0\%$ 可以算出：

$$B_T = \frac{I_0\%}{100}\times\frac{\sqrt{3}I_N}{U_N} = \frac{I_0\%}{100}\times\frac{S_N}{U_N^2}\times 10^{-3} \tag{2-15}$$

式中，B_T 的单位为 S。

2.2.3　负荷

在电力系统计算中，经常把连接于一条母线上的所有用户的各种用电设备等值成综合负荷，挂在该母线上，作为计算负荷。这种综合负荷的功率大小不等，性质也不完全相同。一个综合负荷可能代表一家企业、一所学校或一座城市甚至一个大的地区。

综合负荷的功率一般是要随系统的运行参数(主要是电压和频率)变化而变化的，反映这种变化规律的曲线或数学表达式称为负荷特性。负荷特性包括静态特性和动态特性，静态特性代表稳态下负荷功率与电压和频率的关系；动态特性反映暂态下负荷功率随电压和频率急剧变化时的关系。当频率维持额定值不变时，负荷功率与电压的关系称为负荷的电压静态特性。当负荷端电压维持额定值不变时，负荷功率与频率的关系称为负荷的频率静态特性。

在此基础上，负荷模型是对负荷特性所作的物理模拟或数学描述，在电力系统的分析计算中经常应用。根据负荷的特性，负荷模型也可分为静态模型和动态模型。既考虑负荷电压也考虑频率的静态模型，可用式(2-16)的形式表示：

$$\begin{aligned} P &= P_N[a_p(U/U_N)^2 + b_p(U/U_N) + c_p](1+k_{pf}\Delta f) \\ Q &= Q_N[a_q(U/U_N)^2 + b_q(U/U_N) + c_q](1+k_{qf}\Delta f) \end{aligned} \tag{2-16}$$

式中，U_N 为额定电压；P_N 和 Q_N 为额定电压时的有功功率和无功功率；a_p、b_p、c_p 和 k_{pf} 为有功功率表达式的系数；a_q、b_q、c_q 和 k_{qf} 为无功功率表达式的系数。其中，a_p、b_p、c_p 与 a_q、b_q、c_q 分别应满足相加等于 1。

负荷的动态特性模型常用电动机模型来表示，有一阶机械暂态模型、三阶机电暂态模型和五阶电磁暂态模型。对于负荷的动态模型，无论是物理模型还是数学模型，都有模型结构和模型参数的确定问题。由于综合负荷所代表的用电设备数量很大，分布很广，种类繁多，其工作状态又带有随机性和时变性，连接各类用电设备的配电网的结构也可能发生变化，因此，如何建立一个既准确又实用的负荷模型，仍需继续努力。

2.2.4 分布式发电

与传统发电机完全可控不同，新能源发电厂出力具有间歇性，有功功率随风光自然条件变化而波动。为充分利用可再生能源，发电系统常跟踪太阳辐照强度或风速的变化，在设备容量允许范围内实现最大有功出力。对于某一时间断面的稳态模型，新能源发电厂的有功功率是已知数据。实际中更关心随时间变化的模型，可以用典型日发电曲线和年发电曲线来刻画新能源的波动，也可以进行新能源功率预测，建模描述风速或光照等数据与新能源有功出力间的量化关系。预测模型不仅要考虑太阳辐照强度和风速的随机性，还要考虑不同新能源电厂出力间的相关性。

配电网中接入的新能源通常以分布式光伏为主，这些电源通过电力电子装置接入电力系统，图 2-4 是光伏发电系统通过电力电子接口并网的示意图。

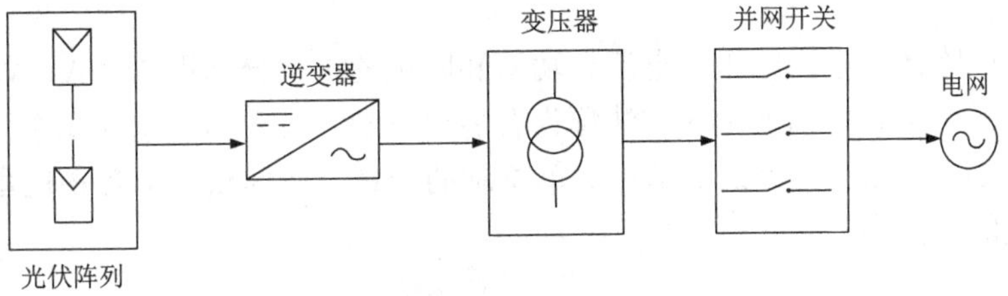

图 2-4 光伏发电并网示意图

在图 2-4 中，光伏阵列产生的直流电经逆变器变为交流电，具备有功功率与无功功率。逆变器是光伏的电力电子接口。

电力电子接口是新能源与传统发电机的一个明显不同，它既是一次设备也是二次设备，具有很强的有功无功调节控制能力。对于有功功率，光伏通常以当前光照强度下光伏阵列最大功率点跟踪(maximum power point tracking, MPPT)模式运行；风机以最大风功率跟踪模式运行。无功功率能在视在功率不超过装置容量前提下自由调节。光伏发电的 P-Q 极限如图 2-5 中阴影部分所示。当某时刻有功功率输出为 P_{MPPT} 时，光伏发电系统可在图中双向箭头标识的直线部分按系统需求发出或吸收无功功率。

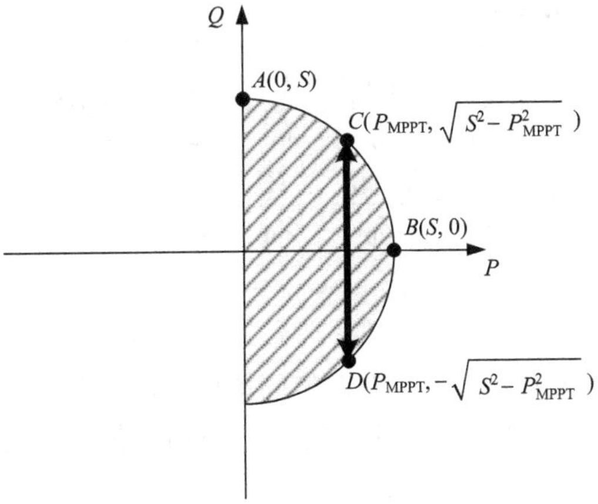

图 2-5 光伏发电的 P-Q 极限

2.3 电力系统标幺值

在前面已经给出了线路、变压器和发电机的等值电路及其参数计算方法，电力系统是这些元件构成的一个整体。直观地考虑，对于电网只需画出各元件的等值电路并按照其连接关系将它们连在一起就可构成电网的等值电路。然而，实际电网是由不同电压等级的元件通过变压器的电磁耦合连接构成的，前面介绍的参数计算方法所得的元件参数均为实际值，也就是有名值。在电网等值电路中，采用有名值参数时需要将其归算到同一个电压等级，才能将等值电路连接起来。这在复杂系统中有时是很困难的，因而更多地采用标幺值来表示元件的参数。

2.3.1 标幺制的概念

在一般的电路计算中，电压、电流、功率和阻抗的单位分别用 V、A、W、Ω 表示，这种用实际有名单位表示物理量的方法称为有名单位制。在电力系统计算中，还广泛地采用标幺制(per unit，p.u.)。标幺制是相对单位制的一种，在标幺制中各物理量都用标幺值表示。标幺值的定义为

$$\text{标幺值}=\frac{\text{有名值}}{\text{基准值}} \tag{2-17}$$

式中的基准值采用与有名值相同的单位，所以标幺值是没有量纲的数值，一般用变量后带*表示，在不引起混淆的地方，也可以不带。对于同一个实际有名值，基准值选得不同，其标幺值也就不同。因此，当给出一个量的标幺值时，还须同时说明它的基准值，否则，标幺值的意义是不明确的。

当选定电压、电流、功率和阻抗的基准值分别为 U_B、I_B、S_B 和 Z_B 时，相应的标幺值如下：

$$\begin{cases} U_*=\dfrac{U}{U_B} \\ I_*=\dfrac{I}{I_B} \\ S_*=\dfrac{S}{S_B}=\dfrac{P+jQ}{S_B}=\dfrac{P}{S_B}+j\dfrac{Q}{S_B}=P_*+jQ_* \\ Z_*=\dfrac{Z}{Z_B}=\dfrac{R+jX}{Z_B}=\dfrac{R}{Z_B}+j\dfrac{X}{Z_B}=R_*+jX_* \end{cases} \tag{2-18}$$

2.3.2 基准值的选择

基准值的选择，除了要求基准值与有名值同单位外，原则上可以是任意的。但是，采用标幺值的目的是简化计算和便于对计算结果作出分析评价，因此，采用基准值时应考虑尽量能达到这些目的。

在单相电路中，电压 U_P、电流 I、功率 S_P 和阻抗 Z 这四个物理量之间存在以下关系：

$$U_{\mathrm{P}} = ZI, \quad S_{\mathrm{P}} = U_{\mathrm{P}} I \tag{2-19}$$

如果选择这四个物理量的基准值使它们满足

$$\begin{cases} U_{\mathrm{P \cdot B}} = Z_{\mathrm{B}} I_{\mathrm{B}} \\ S_{\mathrm{P \cdot B}} = U_{\mathrm{P \cdot B}} I_{\mathrm{B}} \end{cases} \tag{2-20}$$

即与有名值的关系具有完全相同的方程式，则在标幺制中有

$$\begin{cases} U_{\mathrm{P}*} = Z_* I_* \\ S_{\mathrm{P}*} = U_{\mathrm{P}*} I_* \end{cases} \tag{2-21}$$

由式(2-21)可以看出，只要基准值的选择满足式(2-20)，则在标幺制中，电路各物理量之间的基本关系就与有名制中的完全相同，因而有名制中的有关公式就可以直接应用到标幺制中。

四个基准值为两个方程所约束，电力系统中一般给定功率和电压的基准值，电流和阻抗的基准值则由式(2-20)求出。

在电力系统分析中，习惯上采用线电压 U、线电流(即相电流) I、三相功率 S 和一相等值阻抗 Z。各物理量之间存在下列关系：

$$\begin{cases} U = \sqrt{3} ZI = \sqrt{3} U_{\mathrm{P}} \\ S = \sqrt{3} UI = 3 S_{\mathrm{P}} \end{cases} \tag{2-22}$$

同单相电路一样，应使各量基准值之间的关系与其有名值之间的关系具有相同的方程式，即

$$\begin{cases} U_{\mathrm{B}} = \sqrt{3} Z_{\mathrm{B}} I_{\mathrm{B}} = \sqrt{3} U_{\mathrm{P \cdot B}} \\ S_{\mathrm{B}} = \sqrt{3} U_{\mathrm{B}} I_{\mathrm{B}} = 3 U_{\mathrm{P \cdot B}} I_{\mathrm{B}} = 3 S_{\mathrm{P \cdot B}} \end{cases} \tag{2-23}$$

这样，在标幺制中便有

$$\begin{cases} U_* = Z_* I_* = U_{\mathrm{P}*} \\ S_* = U_* I_* = S_{\mathrm{P}*} \end{cases} \tag{2-24}$$

由此可见，在标幺制中，三相电路的计算公式与单相电路的计算公式完全相同，线电压和相电压的标幺值相等，三相功率和单相功率的标幺值相等。这样就简化了公式，给计算带来了方便。在选择基准值时，习惯上也只选定 U_{B} 和 S_{B}，Z_{B} 和 I_{B} 可由式(2-25)得出：

$$\begin{cases} Z_{\mathrm{B}} = \dfrac{U_{\mathrm{B}}}{\sqrt{3} I_{\mathrm{B}}} = \dfrac{U_{\mathrm{B}}^2}{S_{\mathrm{B}}} \\ I_{\mathrm{B}} = \dfrac{S_{\mathrm{B}}}{\sqrt{3} U_{\mathrm{B}}} \end{cases} \tag{2-25}$$

2.4　电力系统潮流计算方法

电力系统潮流计算

电力系统常规潮流计算的任务是根据给定的电网结构和发电及负荷分布情况，求出整个网络的运行状态，其中包括各节点母线的电压、相角、线路输送的有功功率和无功功率

等。潮流计算的结果，无论是对于现有系统运行方式的分析研究，还是对电网规划阶段中供电方案的确定都是必不可少的。它为判别这些运行方式及规划设计方案的合理性、安全性、可靠性及经济性提供了定量分析的依据。由此可见，潮流计算是电力系统分析与规划中应用最为广泛、最基本的一种电气计算。潮流计算问题在数学上一般属于高维非线性代数方程组的求解问题，通常采用迭代方法求解，如牛顿-拉弗森法、PQ 分解法、直流潮流法、前推回代法等。

2.4.1　电力线路的功率损耗和电压降落

1. 线路的功率损耗

电力线路传输功率时产生的功率损耗既包括有功功率损耗，又包括无功功率损耗，线路的等值电路如图 2-6 所示。线路功率损耗分为电流通过等值电路中串联阻抗时产生的功率损耗和电压施加于对地导纳时产生的损耗，以下分别讨论。

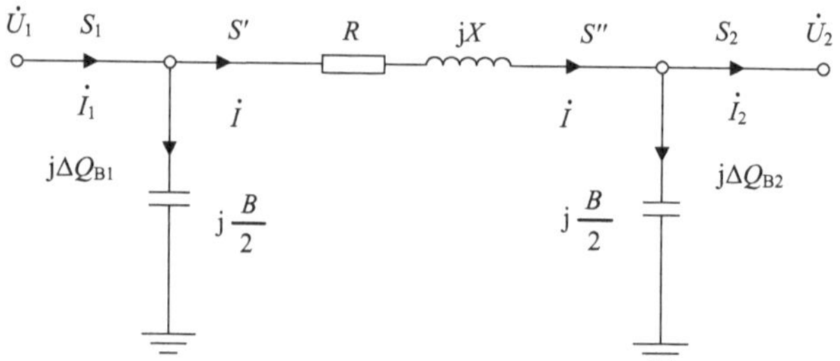

图 2-6　线路的等值电路

1）串联阻抗支路的功率损耗

电流在线路的电阻和电抗上产生的功率损耗为

$$\Delta S_{\mathrm{L}} = \Delta P_{\mathrm{L}} + \mathrm{j}\Delta Q_{\mathrm{L}} = I^2(R+\mathrm{j}X) = \frac{P''^2+Q''^2}{U_2^2}(R+\mathrm{j}X) \tag{2-26}$$

若电流用首端功率和电压计算，则

$$\Delta S_{\mathrm{L}} = \frac{P'^2+Q'^2}{U_1^2}(R+\mathrm{j}X) \tag{2-27}$$

由于采用功率和电压表示电流，而线路存在功率损耗和电压损耗，因此线路两端功率和电压是不同的，在使用以上公式时，功率和电压必须是同一端的。

2）并联阻抗支路的功率损耗

在外加电压作用下，线路电容将产生无功功率 ΔQ_{B}。由于线路的对地并联支路是容性的，即在运行时发出无功功率，因此，作为无功功率损耗，ΔQ_{L} 应取正号，而 ΔQ_{B} 应取负号。ΔQ_{B} 的计算公式如下：

$$\Delta Q_{\mathrm{B1}} = -\frac{1}{2}BU_1^2,\quad \Delta Q_{\mathrm{B2}} = -\frac{1}{2}BU_2^2 \tag{2-28}$$

同理，该公式中的功率和电压也必须取同一端的。

线路首端的输入功率为

$$S_1 = S' + \mathrm{j}\Delta Q_{B1} \tag{2-29}$$

末端的输出功率为

$$S_2 = S'' - \mathrm{j}\Delta Q_{B2} \tag{2-30}$$

线路末端输出有功功率 P_2 与首端输入有功功率 P_1 之比称为线路输电效率 η 。

$$\eta = \frac{P_2}{P_1} \times 100\% \tag{2-31}$$

上述公式中各变量可取相应有名值或标幺值，当取有名值时各变量的单位如下：阻抗为Ω，导纳为S，电压为kV，功率为MV·A。

2. 线路的电压降落

设网络元件的一相等值电路如图2-7所示，其中 R 和 X 分别为一相的等值电阻和电抗，$\dot{U}$ 和 $\dot{I}$ 表示相电压和相电流。

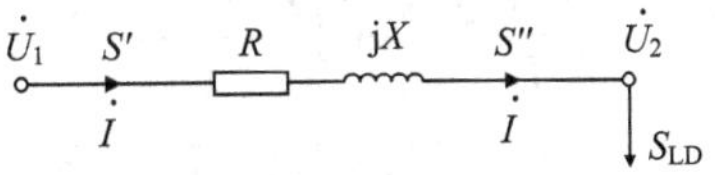

图2-7　网络元件的一相等值电路

网络元件的电压降落是指元件首末端两点电压的相量差，由等值电路可知：

$$\dot{U}_1 - \dot{U}_2 = (R + \mathrm{j}X)\dot{I} \tag{2-32}$$

以 $\dot{U}_2$ 为参考轴，已知 $\dot{I}$ 和 $\cos\varphi_2$，可作出如图2-8所示的相量图。

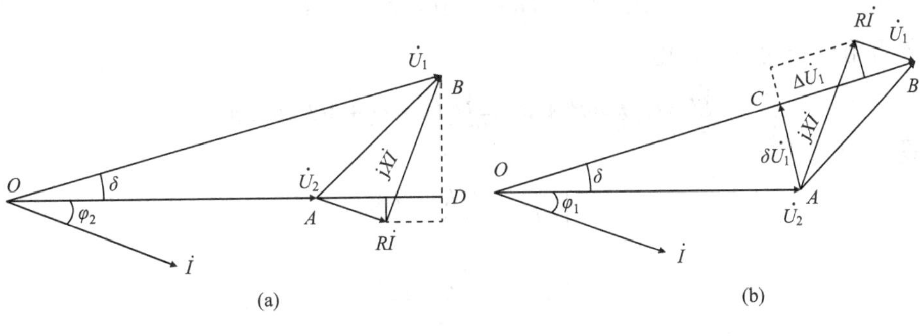

图2-8　电压降落相量图

图2-8中 $\overline{AB}$ 就是电压降落相量 $(R+\mathrm{j}X)\dot{I}$ 。把电压降落相量分解为与电压相量 $\dot{U}_2$ 同方向和相垂直的两个分量 $\overline{AD}$ 及 $\overline{DB}$ ，这两个分量的绝对值分别记为 ΔU_2 和 δU_2 ，即 $\Delta U_2 = AD$ 及 $\delta U_2 = DB$ ，电压降落可以表示为

$$\dot{U}_1 - \dot{U}_2 = (R + \mathrm{j}X)\dot{I} = \Delta\dot{U}_2 + \delta\dot{U}_2 \tag{2-33}$$

$\Delta\dot{U}_2$ 和 $\delta\dot{U}_2$ 分别称为电压降落的纵分量和横分量，由相量图可知：

$$\begin{cases}\Delta U_2 = RI\cos\varphi_2 + XI\sin\varphi_2 \\ \delta U_2 = XI\cos\varphi_2 - RI\sin\varphi_2\end{cases} \tag{2-34}$$

在电力系统分析中，习惯用功率进行运算。与电压 $\dot{U}$ 和电流 $\dot{I}$ 相对应的一相功率为

$$S'' = \dot{U}_2\overset{*}{I} = P'' + \mathrm{j}Q'' = U_2 I\cos\varphi_2 + \mathrm{j}U_2 I\sin\varphi_2 \tag{2-35}$$

用功率代替电流，可将式(2-35)改写为

$$\begin{cases}\Delta U_2 = \dfrac{P''R + Q''X}{U_2} \\ \delta U_2 = \dfrac{P''X - Q''R}{U_2}\end{cases} \tag{2-36}$$

必须注意，与功率损耗计算时一样，式(2-36)中的功率和电压也必须取同一端的。则元件首端的相电压为

$$\begin{aligned}\dot{U}_1 &= \dot{U}_2 + \Delta\dot{U}_2 + \delta\dot{U}_2 \\ &= U_2 + \frac{P''R + Q''X}{U_2} + \mathrm{j}\frac{P''X - Q''R}{U_2} = U_1\angle\delta\end{aligned} \tag{2-37}$$

$$U_1 = \sqrt{(U_2 + \Delta U_2)^2 + (\delta U_2)^2} \tag{2-38}$$

$$\delta = \arctan\frac{\delta U_2}{U_2 + \Delta U_2} \tag{2-39}$$

式中，δ 为元件首末端电压相量的相位差。

同样，若以 $\dot{U}_1$ 作参考轴，并且已知电流 $\dot{I}$ 和 $\cos\varphi_1$ 时，也可以把电压降落相量分解为与 $\dot{U}_1$ 同方向和垂直的两个分量，如图 2-8(b)所示。

$$\dot{U}_1 - \dot{U}_2 = (R + \mathrm{j}X)\dot{I} = \Delta\dot{U}_1 + \delta\dot{U}_1 \tag{2-40}$$

如果再用一相功率表示电流：

$$S' = \dot{U}_1\overset{*}{I} = P' + \mathrm{j}Q' = U_1 I\cos\varphi_1 + \mathrm{j}U_1 I\sin\varphi_1 \tag{2-41}$$

于是

$$\begin{cases}\Delta U_1 = \dfrac{P'R + Q'X}{U_1} \\ \delta U_1 = \dfrac{P'X - Q'R}{U_1}\end{cases} \tag{2-42}$$

而元件末端的相电压为

$$\begin{aligned}\dot{U}_2 &= \dot{U}_1 - \Delta\dot{U}_1 - \delta\dot{U}_1 \\ &= U_1 - \frac{P'R + Q'X}{U_1} - \mathrm{j}\frac{P'X - Q'R}{U_1} = U_2\angle(-\delta)\end{aligned} \tag{2-43}$$

$$U_2 = \sqrt{(U_1 - \Delta U_1)^2 + (\delta U_1)^2} \tag{2-44}$$

$$\delta = \arctan\frac{\delta U_1}{U_1 - \Delta U_1} \tag{2-45}$$

2.4.2　基于牛顿-拉弗森法的电力系统潮流计算方法

电力网络潮流计算首先需要求解高维的非线性代数方程组，即潮流方程。高维的非线性代数方程组的求解一般采用迭代方法，牛顿-拉弗森法(简称牛顿法)是电力系统分析中广泛采用的潮流计算机算法。本节首先介绍求解高维的非线性代数方程组的牛顿法，然后介绍极坐标形式和直角法坐标形式的牛顿算法的实施细节。

1. 节点功率方程

对 n 节点电力系统，节点 i 的注入复功率 S_i 与节点注入电流及电网节点电压的关系如式(2-46)所示：

$$S_i \equiv P_i + \mathrm{j}Q_i = \dot{U}_i\hat{I}_i = \dot{U}_i\sum_{j\in i}\hat{Y}_{ij}\hat{U}_j \tag{2-46}$$

式中，$\hat{I}_i$ 和 $\hat{U}_j$ 表示节点注入电流相量 $\dot{I}_i$ 和节点电压相量 $\dot{U}_j$ 的共轭复数；$\hat{Y}_{ij}$ 表示电力网络节点导纳矩阵元素 Y_{ij} 的共轭复数；$j\in i$ 表示 $\sum$ 号后的 j 节点为网络中和 i 通过元件相连的节点，并包括 i=j 的情况。考虑 $\dot{U}_j = U_j\mathrm{e}^{\mathrm{j}\theta_j}$，可得

$$\hat{I}_i = \sum_{j\in i}\hat{Y}_{ij}\hat{U}_j = \sum_{j\in i}(G_{ij} - \mathrm{j}B_{ij})U_j\mathrm{e}^{-\mathrm{j}\theta_j} \tag{2-47}$$

将式(2-47)代入式(2-46)可得

$$\begin{aligned} P_i + \mathrm{j}Q_i &= \dot{U}_i\sum_{j\in i}\hat{Y}_{ij}\hat{U}_j = U_i\sum_{j\in i}(G_{ij} - \mathrm{j}B_{ij})U_j\mathrm{e}^{\mathrm{j}\theta_{ij}} \\ &= U_i\sum_{j\in i}(G_{ij} - \mathrm{j}B_{ij})U_j(\cos\theta_{ij} + \mathrm{j}\sin\theta_{ij}) \end{aligned} \tag{2-48}$$

式(2-48)右端展开并将实部和虚部分开，可得如式(2-49)和式(2-50)所示的电压用极坐标表示的节点功率平衡方程：

$$P_i = U_i\sum_{j\in i}U_j(G_{ij}\cos\theta_{ij} + B_{ij}\sin\theta_{ij}),\quad i = 1,2,\cdots,n \tag{2-49}$$

$$Q_i = U_i\sum_{j\in i}U_j(G_{ij}\sin\theta_{ij} - B_{ij}\cos\theta_{ij}),\quad i = 1,2,\cdots,n \tag{2-50}$$

类似地，若将式(2-46)中的电压用直角坐标的形式表示，即 $\dot{U}_i = e_i + \mathrm{j}f_i, i = 1,2,\cdots,n$，并将实部和虚部分开，可得如式(2-51)和式(2-52)所示的电压用直角坐标表示的节点功率平衡方程：

$$P_i = e_i\sum_{j\in i}(G_{ij}e_j - B_{ij}f_j) + f_i\sum_{j\in i}(G_{ij}f_j + B_{ij}e_j),\quad i = 1,2,\cdots,n \tag{2-51}$$

$$Q_i = f_i\sum_{j\in i}(G_{ij}e_j - B_{ij}f_j) - e_i\sum_{j\in i}(G_{ij}f_j + B_{ij}e_j),\quad i = 1,2,\cdots,n \tag{2-52}$$

这两种节点功率平衡方程通称为节点功率方程，是牛顿-拉弗森等潮流算法采用的数学模型。

2. 电力网络潮流方程

电力网络中的节点可分为三种类型：PQ 节点、PV 节点和 Vθ 节点。PQ 节点一般对应于负荷节点，当发电机失去电压调控能力时，也可视为 PQ 节点，其注入的有功功率 P 和无功功率 Q 为已知量；PV 节点一般对应于具有调节能力的发电机或变电站节点，其有功注入功率 P 和节点电压幅值 V 为已知量；Vθ 节点为系统参考节点或平衡节点，其节点电压幅值和相角为给定量，在电力网络潮流计算时，一般设定一个 Vθ 节点。

当电力网络的节点类型确定后，便可以列写全网的潮流方程。设 n 节点电网 PQ 节点的个数是 m 个，这样对每个 PQ 和 PV 可得一个有功功率的功率不平衡方程(共有 $n-1$ 个)，对每个 PQ 可得一个无功功率的功率不平衡方程(共有 m 个)。

1) 极坐标形式的潮流方程

式(2-53)和式(2-54)为由式(2-49)和式(2-50)所得功率不平衡方程。对 PQ、PV 节点：

$$\Delta P_i(\boldsymbol{\theta},\boldsymbol{U}) \equiv P_i^s - U_i\sum_{j\in i}U_j(G_{ij}\cos\theta_{ij} + B_{ij}\sin\theta_{ij}) = 0,\quad i = 1,2,\cdots,n-1 \tag{2-53}$$

对 PQ 节点：

$$\Delta Q_i(\boldsymbol{\theta},\boldsymbol{U}) \equiv Q_i^s - U_i\sum_{j\in i}U_j(G_{ij}\sin\theta_{ij} - B_{ij}\cos\theta_{ij}) = 0,\quad i = 1,2,\cdots,m \tag{2-54}$$

式中，P_i^s 和 Q_i^s 分别是节点指定的有功注入功率和无功注入功率。式(2-53)和式(2-54)联立可以表示成如下非线性向量方程的形式：

$$\begin{cases}\Delta\boldsymbol{P}(\boldsymbol{\theta},\boldsymbol{U}) = \boldsymbol{0}\\ \Delta\boldsymbol{Q}(\boldsymbol{\theta},\boldsymbol{U}) = \boldsymbol{0}\end{cases} \tag{2-55}$$

式中，$\Delta\boldsymbol{P}(\boldsymbol{\theta},\boldsymbol{V})$ 和 $\Delta\boldsymbol{Q}(\boldsymbol{\theta},\boldsymbol{V})$ 分别表示 $n-1$ 维(次序为 PQ 节点的有功功率的不平衡方程在前)和 m 维的非线性向量函数；$\boldsymbol{\theta}$ 和 $\boldsymbol{U}$ 分别表示 $n-1$ 维节点电压相角向量和 m 维节点电压幅值向量。式(2-55)的方程个数和待求变量的个数皆为 $n+m-1$，称作电力网络极坐标形式的潮流方程。

2) 直角坐标形式的潮流方程

类似地，由式(2-51)和式(2-52)可得直角坐标形式的节点功率不平衡方程如式(2-56)和式(2-57)所示。对 PQ、PV 节点：

$$\Delta P_i(\boldsymbol{e},\boldsymbol{f}) \equiv P_i^s - e_i\sum_{j\in i}(G_{ij}e_j - B_{ij}f_j) + f_i\sum_{j\in i}(G_{ij}f_j + B_{ij}e_j) = 0,\quad i = 1,\cdots,n-1 \tag{2-56}$$

对 PQ 节点：

$$\Delta Q_i(\boldsymbol{e},\boldsymbol{f}) \equiv Q_i^s - f_i\sum_{j\in i}(G_{ij}e_j - B_{ij}f_j) - e_i\sum_{j\in i}(G_{ij}f_j + B_{ij}e_j) = 0,\quad i = 1,\cdots,m \tag{2-57}$$

式(2-56)和式(2-57)方程组的个数是 $n+m-1$，待求未知量的个数是 $2(n-1)$，因此还要对所有 PV 节点增补式(2-58)所示的 $n-m-1$ 个方程。

$$\Delta U_i^2(\boldsymbol{e},\boldsymbol{f}) \equiv U_i^2 - e_i^2 - f_i^2 = 0,\quad i = 1,2,\cdots,n-m-1 \tag{2-58}$$

式中，U_i 是 PV 节点给定的电压幅值，式(2-56)、式(2-57)和式(2-58)联立，可以表示成如下非线性向量方程的形式：

$$\begin{cases} \Delta \boldsymbol{P}(\boldsymbol{e},\boldsymbol{f}) = \boldsymbol{0} \\ \Delta \boldsymbol{Q}(\boldsymbol{e},\boldsymbol{f}) = \boldsymbol{0} \\ \Delta \boldsymbol{U}^2(\boldsymbol{e},\boldsymbol{f}) = \boldsymbol{0} \end{cases} \tag{2-59}$$

式中，$\Delta \boldsymbol{P}(\boldsymbol{e},\boldsymbol{f})$、$\Delta \boldsymbol{Q}(\boldsymbol{e},\boldsymbol{f})$和$\Delta \boldsymbol{U}^2(\boldsymbol{e},\boldsymbol{f})$分别表示$n-1$维、$m$维和$n-m-1$维的非线性向量函数；$\boldsymbol{e}$和$\boldsymbol{f}$分别表示$n-1$维节点复电压的实部和虚部向量。式(2-59)的方程个数和待求变量的个数皆为$2(n-1)$，称作电力网络直角坐标形式的潮流方程。

比较式(2-55)和式(2-59)可见，直角坐标形式的潮流方程和待求变量个数较极坐标形式的潮流方程多了$n-m-1$个，但它们都是高维的非线性代数方程组，可以统一地表示成式(2-60)所示的非线性代数向量方程的形式：

$$\boldsymbol{f}(\boldsymbol{x}) = \boldsymbol{0} \tag{2-60}$$

3. 牛顿-拉弗森迭代算法(牛顿法)

1) 牛顿法的求解过程

牛顿法的核心是把非线性方程的求解过程，转变为反复求解对应的线性增量方程，并用线性增量方程的解修正非线性方程解的过程。下面以式(2-60)为例说明牛顿法的一般求解过程。假定式(2-60)表示有l个变量的l维非线性代数方程组。求解非线性代数方程组首先要给定待求解向量$\boldsymbol{x}$的初值$\boldsymbol{x}^{(0)}$，令迭代参数k=0，求解非线性代数方程组的迭代算法可描述如下。

第一步：在$\boldsymbol{x}^{(k)}$附近将式(2-60)左端向量函数展开成泰勒级数并略去二阶及以上的高阶项，得到如下线性化方程，称作牛顿法的修正方程。

$$\boldsymbol{f}(\boldsymbol{x}^{(k)}) + \boldsymbol{J}^{(k)} \Delta \boldsymbol{x}^{(k)} = 0 \tag{2-61}$$

式中，$\boldsymbol{J}^{(k)} = \partial \boldsymbol{f}(\boldsymbol{x}) / \partial \boldsymbol{x} \big|_{\boldsymbol{x}=\boldsymbol{x}^{(k)}}$为$l \times l$方阵，称作非线性向量函数在$\boldsymbol{x}^{(k)}$点的雅可比矩阵；$\boldsymbol{f}(\boldsymbol{x}^{(k)})$为式(2-60)左端向量函数代入$\boldsymbol{x}^{(k)}$后所得实数不平衡向量。

第二步：解式(2-61)所示线性方程组，求得迭代修正量$\Delta \boldsymbol{x}^{(k)}$如式(2-62)所示：

$$\Delta \boldsymbol{x}^{(k)} = -[\boldsymbol{J}^{(k)}]^{-1} \boldsymbol{f}(\boldsymbol{x}^{(k)}) \tag{2-62}$$

第三步：用式(2-63)修正$\boldsymbol{x}^{(k)}$获得第$k+1$步迭代的解向量$\boldsymbol{x}^{(k+1)}$。

$$\boldsymbol{x}^{(k+1)} = \boldsymbol{x}^{(k)} + \Delta \boldsymbol{x}^{(k)} \tag{2-63}$$

第四步：判断收敛。

若式(2-64)成立，则转第五步，否则令$k=k+1$。

若$k<K_{\max}$，转第一步继续迭代，否则转第六步。

$$\max_i \left| f_i(\boldsymbol{x}^{(k+1)}) \right| < \varepsilon \tag{2-64}$$

其中，$K_{\max}$是计算设定的最大迭代次数；式(2-64)左边表示向量$f_i(\boldsymbol{x}^{(k+1)})$各元素中绝对值最大者，$\varepsilon$为计算设定的最大容许误差(如$\varepsilon=10^{-7} \sim 10^{-4}$)，$\varepsilon$越小，解的精度越高，但迭代次数越多。

第五步：以$\boldsymbol{x}^{(k+1)}$为非线性代数方程组(2-64)的解，退出迭代。

第六步：输出迭代不收敛信息，退出迭代。

上述描述的牛顿法最关键的步骤是，计算式(2-61)修正方程中的雅可比矩阵

$\boldsymbol{J}^{(k)}=\partial \boldsymbol{f}(\boldsymbol{x})/\partial \boldsymbol{x}\big|_{\boldsymbol{x}=\boldsymbol{x}^{(k)}}$。雅可比矩阵的元素可表示为

$$J_{ij}^{(k)}=\partial f_i(\boldsymbol{x})/\partial x_j\big|_{\boldsymbol{x}=\boldsymbol{x}^{(k)}},\quad i=1,2,\cdots,l;\ i=1,2,\cdots,l \tag{2-65}$$

前面介绍的电力网络的极坐标形式和直角坐标形式的潮流方程都可采用上述牛顿法求解。

2) 牛顿法的几何解释

牛顿法迭代过程的几何解释可用图 2-9 所示的一维非线性函数 $f(x)$ 来说明。图中非线性函数与横轴的交点 x'为非线性方程 $f(x)=0$ 的解。对图 2-9(a) 的初值 $x^{(0)}$，雅可比矩阵相当于函数 $f(x)$ 在 $x^{(0)}$点的斜率，修正方程的解是 $\Delta x^{(0)}$，以 $\Delta x^{(0)}$修正 $x^{(0)}$所得的 $x^{(1)}$比 $x^{(0)}$更接近方程 $f(x)=0$ 的解 x'。将 $x^{(1)}$作为新的初值，修正方程的解是 $\Delta x^{(1)}$，以 $\Delta x^{(1)}$修正 $x^{(1)}$所得为 $x^{(2)}$，由图可见，$x^{(2)}$已经非常接近 x'了。重复以上过程迭代所得的 $x^{(k)}$可以充分地接近方程 $f(x)=0$ 的解 x'，牛顿法迭代至满足条件 $\left|f(x^{(k+1)})\right|<\varepsilon$ 时，迭代终止。

应用牛顿法求解非线性方程组时可能会出现迭代不收敛的情况，因而需要设定最大迭代次数 $K_{\max}$。出现迭代不收敛的情况可能是由于非线性方程本身无解，也可能由迭代初值不好引起。如图 2-9(b) 所示为非线性方程 $f(x)=0$ 有解，但初值不好而引起迭代过程出现振荡不收敛的情况。

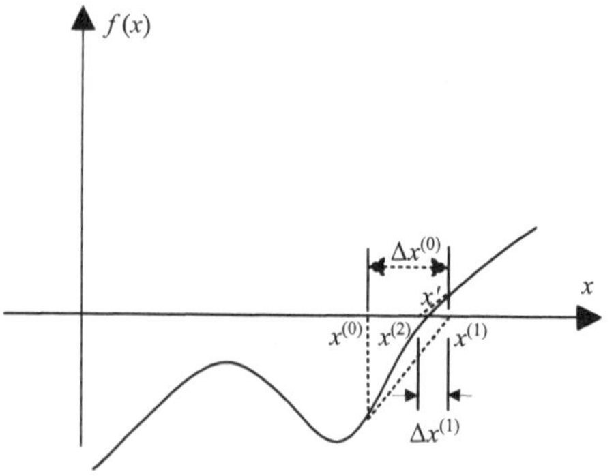

(a) 迭代收敛情况

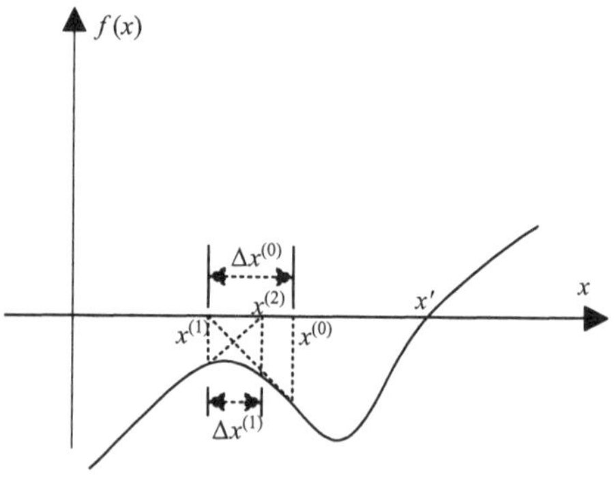

(b) 迭代不收敛情况

图 2-9　牛顿法的几何解释

2.4.3　基于前推回代法的配电网潮流计算方法

由于多能耦合转换装置以及综合能源站等能源枢纽，主要在配电网层级实现与电力网络及其他能源网络的耦合互联，因此有必要进一步结合配电网的典型特征研究其电力潮流解法，同时牛顿-拉弗森法在配电网潮流计算中常出现计算不收敛或收敛到实际上不能运行解的情况，所以配电网中常使用前推回代法进行潮流计算。此外，燃气网、热力网等终端异质能源管网也呈现辐射状的典型结构，基于前推回代的潮流求解思路也可以为这些网络的“潮流计算”提供指导思路。

配电网络一般采用环网设计、辐射运行的原则，其典型运行方式是从变电站的馈电线路出口向树状网络上的多个负荷节点供电，馈线出口可以看作网络的单一供电电源点，因此其本质上也是开式网络。

同时，配电网络供电的最明显拓扑特征是树，馈线树的电源点是树的根节点，树中不存在任何闭合回路，功率的传递方向是完全确定的，任一条支路按照电流方向都有确定的始节点和终节点。除根节点外，树中的节点分为叶节点和非叶节点两类。叶节点为该支路的终节点，只与一条支路连接。而非叶节点与两条或两条以上的支路连接，它作为一条支路的终节点，又兼作另一条或多条支路的始节点。对于图 2-10 所示的网络，1 是电源点，即根节点，节点 2、3 和 7 为非叶节点，节点 4、5、6、8 和 9 为叶节点。

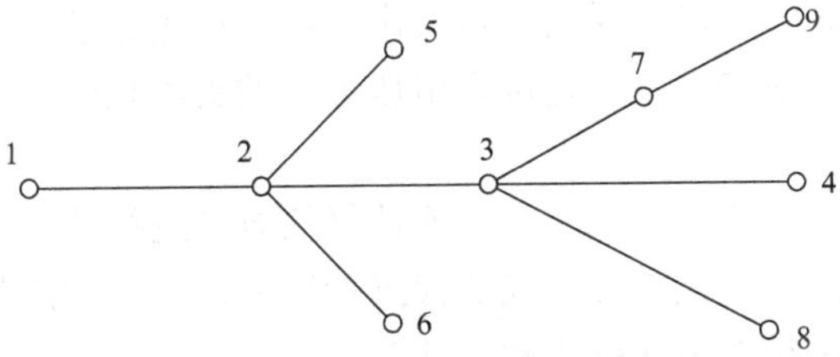

图 2-10 树状配电网络供电方式

在配电网潮流计算中，通常是已知分布在馈线树上各点的负荷和首端电压，可采用前推回代的方法进行求解。具体步骤如下。

第一步，从与叶节点连接的支路开始，该支路的末端功率即等于叶节点功率，利用这个功率和对应的节点电压计算支路功率损耗，求得支路的首端功率。对于第一轮的迭代计算，叶节点电压初值取额定电压。当以某节点为始节点的各支路都计算完毕后，便想象将这些支路都拆去，使该节点成为新的叶节点，其节点功率等于原有的负荷功率与以该节点为始节点的各支路首端功率之和。这样计算便可延续下去，直到全部支路计算完毕。这一步骤的计算公式如下：

$$S_{ij}''^{(k)} = S_j^{(k)} + \sum_{m \in N_j} S_{jm}'^{(k)} \tag{2-66}$$

$$\Delta S_{ij}^{(k)} = \frac{P_{ij}''^{(k)2} + Q_{ij}''^{(k)2}}{U_j^{(k)2}}(r_{ij} + \mathrm{j}x_{ij}) \tag{2-67}$$

$$S_{ij}'^{(k)} = S_{ij}''^{(k)} + \Delta S_{ij}^{(k)} \tag{2-68}$$

式中，k 为迭代次数；N_j 为由节点 j 供电的所有相连节点的集合；$S_{ij}'^{(k)}$ 和 $S_{ij}''^{(k)}$ 分别表示第 k 次迭代过程中线路 ij 首端和末端的视在功率。

第二步，利用第一步所得的电源点出口首端功率和电源点已知电压，从电源点开始逐条支路向网络末端计算，直到求得各支路末节点电压，其计算公式为

$$U_j^{(k+1)} = \sqrt{\left(U_i^{(k+1)} - \frac{P_{ij}'^{(k)} r_{ij} + Q_{ij}'^{(k)} x_{ij}}{U_i^{(k+1)}}\right)^2 + \left(\frac{P_{ij}'^{(k)} x_{ij} - Q_{ij}'^{(k)} r_{ij}}{U_i^{(k+1)}}\right)^2} \tag{2-69}$$

式中，$U_i^{(k)}$ 和 $U_j^{(k)}$ 分别表示第 k 次迭代过程中线路 ij 首端和末端的电压。

迭代中，式(2-69)的计算也可忽略电压降落横分量。

对于规模不大的网络采用上述公式计算并不复杂，可手工计算。精度要求不是很高时，作一轮迭代计算即可。若给定误差为 ε，则以 $\max\left\{\left|U_i^{(k+1)} - U_i^{(k)}\right|\right\} < \varepsilon$ 作为迭代收敛的依据。

对于规模较大的网络一般用计算机进行计算。在迭代开始前，首先要解决支路的计算顺序问题。下面介绍两种常用的确定支路计算顺序的方法。

第一种方法是按与叶节点连接支路排序，并将已排序支路拆除，在此过程中会不断出现新的叶节点，将与其连接的支路又加入排序行列。这样就可以全部排列好从叶节点向电源点计算功率损耗的支路顺序，其逆序就是进行电压计算的支路顺序。

第二种是逐条追加支路的方法。首先从根节点开始接出第一条支路，引出一个新节点，以后每次追加的支路都必须从已出现的节点接出，按该原则逐条追加支路，直到全部支路追加完毕，所得到的支路追加顺序即是进行电压计算的支路顺序，其逆序则是功率损耗计算的支路顺序。

确定计算顺序后，按照普通开式网络潮流计算的方法进行计算就可以完成配电网络的潮流计算。这种按一定排序方式前推回代迭代进行潮流计算的方法具有公式简单、收敛迅速的优点，广泛应用于树状配电网络的潮流计算。

【例题 2-1】 10kV 配电网络的电网结构如图 2-11 所示。已知线路参数如下：Z_{12}=1.2+j2.4Ω，Z_{23}=1.0+j2.0Ω，Z_{24}=1.5+j3.0Ω。S_2=0.3+j0.2MV·A，S_3=0.5+j0.3MV·A，S_4=0.2+j0.15MV·A。设母线 1 的电压为 10.5kV，线路始端功率允许误差为 0.3%，试计算功率和电压。

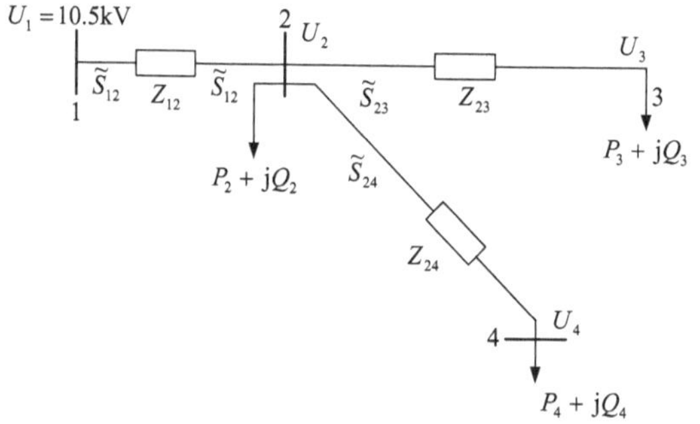

图 2-11　例题 2-1 网络结构图

解　(1) 假设各节点电压均为额定电压，功率损耗计算的支路顺序为 3-2、4-2、2-1，第一轮计算依上列支路顺序计算各支路的功率损耗和功率分布。

$$\Delta S_{23}=\frac{P_3^2+Q_3^2}{U_N^2}(R_{23}+jX_{23})=\frac{0.5^2+0.3^2}{10^2}(1+j2)=0.0034+j0.0068(\text{MV}\cdot\text{A})$$

$$\Delta S_{24}=\frac{P_4^2+Q_4^2}{U_N^2}(R_{24}+jX_{24})=\frac{0.2^2+0.15^2}{10^2}(1.5+j3)=0.0009+j0.0019(\text{MV}\cdot\text{A})$$

则

$$S_{23}=S_3+\Delta S_{23}=0.5034+j0.3068\text{MV}\cdot\text{A}$$

$$S_{24}=S_4+\Delta S_{24}=0.2009+j0.1519\text{MV}\cdot\text{A}$$

$$S_{12}'=S_{23}+S_{24}+S_2=1.0043+j0.6587\text{MV}\cdot\text{A}$$

又

$$\Delta S_{12}=\frac{P_{12}'^2+Q_{12}'^2}{U_N^2}(R_{12}+jX_{12})=\frac{1.0043^2+0.6587^2}{10^2}(1.2+j2.4)=0.0173+j0.0346(\text{MV}\cdot\text{A})$$

$$S_{12} = S'_{12} + \Delta S_{12} = 1.0216 + \mathrm{j}0.6933\mathrm{MV \cdot A}$$

(2) 用已知的线路始端电压 U_1=10.5kV 及上述求得的线路始端功率 S_{12}，按上列相反的顺序求出线路各点电压，计算中忽略电压降落横分量。

$$\Delta U_{12} = \frac{P_{12}R_{12} + Q_{12}X_{12}}{U_1} = 0.2752 \Rightarrow U_2 \approx U_1 - \Delta U_{12} = 10.2248\mathrm{kV}$$

$$\Delta U_{24} = \frac{P_{24}R_{24} + Q_{24}X_{24}}{U_2} = 0.0740 \Rightarrow U_4 \approx U_2 - \Delta U_{24} = 10.1508\mathrm{kV}$$

$$\Delta U_{23} = \frac{P_{23}R_{23} + Q_{23}X_{23}}{U_2} = 0.1100 \Rightarrow U_3 \approx U_2 - \Delta U_{23} = 10.1148\mathrm{kV}$$

(3) 根据上述求得的线路各点电压，重新计算各线路的功率损耗和线路始端功率。

$$\Delta S_{23} = \frac{0.5^2 + 0.3^2}{10.04^2}(1 + \mathrm{j}2) = 0.0034 + \mathrm{j}0.0067(\mathrm{MV \cdot A})$$

$$\Delta S_{24} = \frac{0.2^2 + 0.15^2}{10.15^2}(1.5 + \mathrm{j}3) = 0.0009 + \mathrm{j}0.0018(\mathrm{MV \cdot A})$$

故

$$S_{23} = S_3 + \Delta S_{23} = 0.5034 + \mathrm{j}0.3067\mathrm{MV \cdot A}$$

$$S_{24} = S_4 + \Delta S_{24} = 0.2009 + \mathrm{j}0.1518\mathrm{MV \cdot A}$$

则

$$S'_{12} = S_{23} + S_{24} + S_2 = 1.0043 + \mathrm{j}0.6585\mathrm{MV \cdot A}$$

又

$$\Delta S_{12} = \frac{1.0043^2 + 0.6585^2}{10.22^2}(1.2 + \mathrm{j}2.4) = 0.0166 + \mathrm{j}0.0331(\mathrm{MV \cdot A})$$

从而可得线路始端功率：

$$S_{12} = 1.0209 + \mathrm{j}0.6916\mathrm{MV \cdot A}$$

经过两轮迭代计算，结果与第一步所得的计算结果比较相差小于 0.3%，计算到此结束。最后一次迭代结果可作为最终计算结果。

【例题 2-2】 IEEE 33 节点配电网的系统接线如图 2-12 所示，线路参数、发电机参数与负荷功率分别如表 2-1～表 2-3 所示。

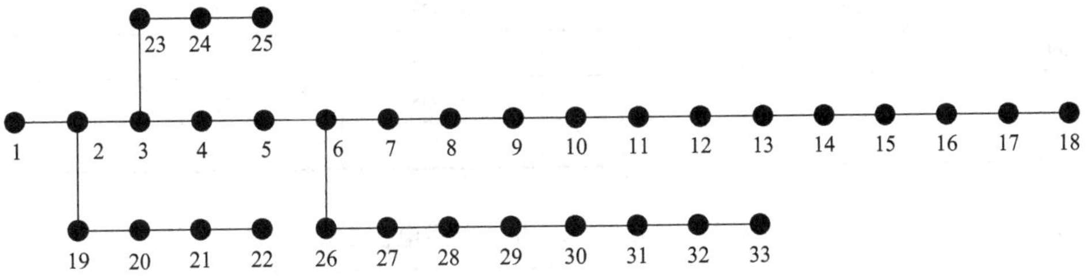

图 2-12　IEEE 33 节点配电网接线

表 2-1　IEEE 33 节点配电网线路参数

序号	始节点	末节点	R/Ω	X/Ω	B/S
1	1	2	0.0922	0.0470	0
2	2	3	0.4930	0.2511	0
3	3	4	0.3660	0.1864	0
4	4	5	0.3811	0.1941	0
5	5	6	0.8190	0.7070	0
6	6	7	0.1872	0.6188	0
7	7	8	0.7114	0.2351	0
8	8	9	1.0300	0.7400	0
9	9	10	1.0440	0.7400	0
10	10	11	0.1966	0.0650	0
11	11	12	0.3744	0.1238	0
12	12	13	1.4680	1.1550	0
13	13	14	0.5416	0.7129	0
14	14	15	0.5910	0.5260	0
15	15	16	0.7463	0.5450	0
16	16	17	1.2890	1.7210	0
17	17	18	0.7320	0.5740	0
18	2	19	0.1640	0.1565	0
19	19	20	1.5042	1.3554	0
20	20	21	0.4095	0.4784	0
21	21	22	0.7089	0.9373	0
22	3	23	0.4512	0.3083	0
23	23	24	0.8980	0.7091	0
24	24	25	0.8960	0.7011	0
25	6	26	0.2030	0.1034	0
26	26	27	0.2842	0.1447	0
27	27	28	1.0590	0.9337	0
28	28	29	0.8042	0.7006	0
29	29	30	0.5075	0.2585	0
30	30	31	0.9744	0.9630	0
31	31	32	0.3105	0.3619	0
32	32	33	0.3410	0.5302	0

表 2-2　IEEE 33 节点配电网发电机参数

节点	发电机	最大无功出力/Mvar	最小无功出力/Mvar
1	G1	10	–10

表 2-3 IEEE 33 节点配电网负荷功率

节点	负荷有功/kW	负荷无功/kvar	备注	节点	负荷有功/kW	负荷无功/kvar	备注
1	0	0	平衡节点	18	90	40	
2	100	60		19	90	40	
3	90	40		20	90	40	
4	120	80		21	90	40	
5	60	30		22	90	40	
6	60	20		23	90	50	
7	200	100		24	420	200	
8	200	100		25	420	200	
9	60	20		26	60	25	
10	60	20		27	60	25	
11	45	30		28	60	20	
12	60	35		29	120	70	
13	60	35		30	200	600	
14	120	80		31	150	70	
15	60	10		32	210	100	
16	60	20		33	60	40	
17	60	20					

潮流计算结果如表 2-4 和表 2-5 所示。

表 2-4 IEEE 33 节点配电网各节点电压

节点	电压幅值/p.u.	相角/(°)	节点	电压幅值/p.u.	相角/(°)
1	1	0	18	0.913	−0.495
2	0.997	0.014	19	0.997	0.004
3	0.983	0.096	20	0.993	−0.063
4	0.975	0.162	21	0.992	−0.083
5	0.968	0.228	22	0.992	−0.103
6	0.950	0.134	23	0.979	0.065
7	0.946	−0.096	24	0.973	−0.024
8	0.941	−0.060	25	0.969	−0.067
9	0.935	−0.133	26	0.948	0.173
10	0.929	−0.196	27	0.945	0.229
11	0.928	−0.189	28	0.934	0.312
12	0.927	−0.177	29	0.926	0.390
13	0.921	−0.269	30	0.922	0.496
14	0.919	−0.347	31	0.918	0.411
15	0.917	−0.385	32	0.917	0.388
16	0.916	−0.408	33	0.917	0.380
17	0.914	−0.485			

表 2-5 IEEE 33 节点配电网各支路潮流

序号	始节点	末节点	始节点注入有功/kW	始节点注入无功/kvar	末节点流出有功/kW	末节点流出无功/kvar	有功损耗/kW	无功损耗/kvar	备注
1	1	2	3917.68	2435.14	3905.44	2428.9	12.24	6.24	
2	2	3	3444.3	2207.82	3392.51	2181.44	51.79	26.38	
3	3	4	2362.9	1684.2	2342.99	1674.07	19.91	10.13	
4	4	5	2222.99	1594.07	2204.3	1584.54	18.69	9.53	
5	5	6	2144.3	1554.54	2106.05	1521.52	38.25	33.02	
6	6	7	1095.27	527.89	1093.35	521.56	1.92	6.33	
7	7	8	893.35	421.56	888.51	419.96	4.84	1.6	
8	8	9	688.51	319.96	684.33	316.96	4.18	3	
9	9	10	624.33	296.96	620.77	294.43	3.56	2.53	
10	10	11	560.77	274.43	560.22	274.25	0.55	0.18	
11	11	12	515.22	244.25	514.34	243.96	0.88	0.29	
12	12	13	454.34	208.96	451.67	206.86	2.67	2.1	
13	13	14	391.67	171.86	390.94	170.9	0.73	0.96	
14	14	15	270.94	90.9	270.59	90.58	0.35	0.32	
15	15	16	210.59	80.58	210.3	80.38	0.29	0.20	
16	16	17	150.3	60.38	150.05	60.04	0.25	0.34	
17	17	18	90.05	40.04	90	40	0.05	0.04	
18	2	19	361.14	161.08	360.98	160.93	0.16	0.15	
19	19	20	270.98	120.93	270.14	120.18	0.84	0.75	
20	20	21	180.14	80.18	180.04	80.06	0.1	0.12	
21	21	22	90.04	40.06	90	40	0.04	0.06	
22	3	23	939.61	457.24	936.43	455.07	3.18	2.17	
23	23	24	846.43	405.07	841.29	401.01	5.14	4.06	
24	24	25	421.29	201.01	420	200	1.29	1.01	
25	6	26	950.78	973.64	948.18	972.31	2.6	1.33	
26	26	27	888.18	947.31	884.85	945.62	3.33	1.69	
27	27	28	824.85	920.62	813.55	910.65	11.3	9.97	
28	28	29	753.55	890.65	745.72	883.83	7.83	6.82	
29	29	30	625.72	813.83	621.82	811.84	3.9	1.99	
30	30	31	421.82	211.84	420.23	210.27	1.59	1.57	
31	31	32	270.23	140.27	270.01	140.02	0.22	0.25	
32	32	33	60.01	40.02	60	40	0.01	0.02	

习 题

1. 电网结构如图 2-13 所示，额定电压为 35kV，图中各节点的负荷及各线路参数如下：S_2=0.3+j0.2 MV·A，S_3=0.5+j0.3 MV·A，S_4=0.2+j0.3 MV·A，Z_{12}=1.2+j2.4Ω，Z_{23}=1+j2Ω，Z_{24}=2+j4Ω，试计算图中电网的功率和电压分布。

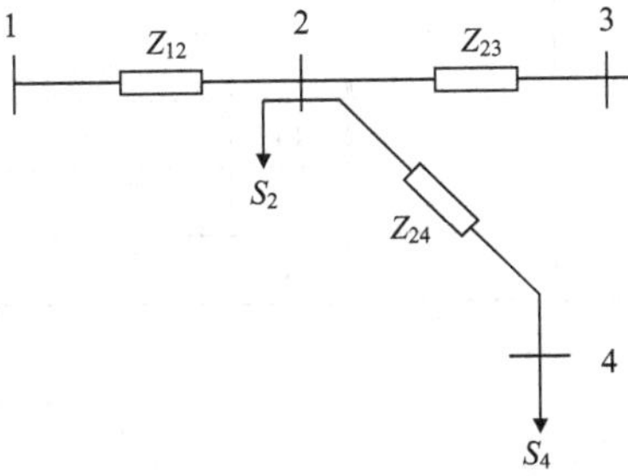

图 2-13 习题 2.1 网络结构图

2. 请推导 IEEE 33 节点算例潮流计算过程。

3. 请计算三馈线配电网潮流分布，网络结构如图 2-14 所示，参数如表 2-6 和表 2-7 所示。

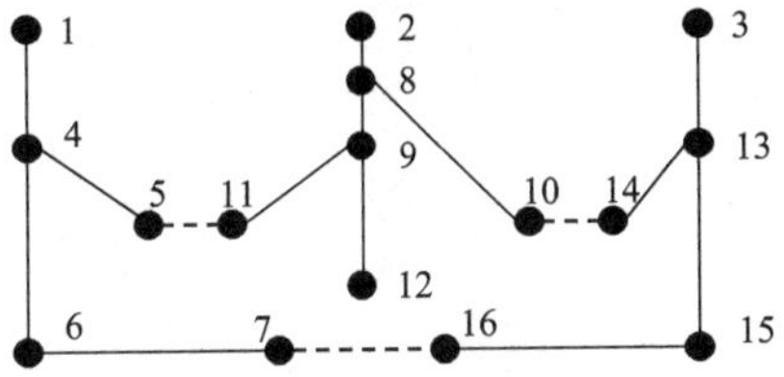

图 2-14 三馈线配电系统网络结构图

表 2-6 三馈线配电系统线路参数

序号	始节点	末节点	R/Ω	X/Ω	B/S
1	1	4	0.075	0.1	0
2	4	5	0.08	0.11	0
3	4	6	0.09	0.18	0
4	6	7	0.04	0.04	0
5	2	8	0.11	0.11	0
6	8	9	0.08	0.11	0
7	8	10	0.11	0.11	0
8	9	11	0.11	0.11	0
9	9	12	0.08	0.11	0
10	3	13	0.11	0.11	0
11	13	14	0.09	0.12	0
12	13	15	0.08	0.11	0
13	15	16	0.04	0.04	0

表 2-7　三馈线配电系统负荷功率

节点	负荷有功/kW	负荷无功/kvar	备注	节点	负荷有功/kW	负荷无功/kvar	备注
1	0	0	平衡节点	9	5.0	3.0	
2	0	0	平衡节点	10	1.0	0.9	
3	0	0	平衡节点	11	0.6	0.1	
4	2.0	1.6		12	4.5	2.0	
5	3.0	1.5		13	1.0	0.9	
6	2.0	0.8		14	1.0	0.7	
7	1.5	1.2		15	1.0	0.9	
8	4.0	2.7		16	2.1	1.0	

第 3 章　综合能源系统

3.1　综合能源系统概述

综合能源系统概念及应用场景

综合能源系统指在规划、建设和运行等过程中，通过对能源的产生、传输与分配、转换、存储、消费等环节进行有机协调与优化，形成的能源产供销一体化系统。它主要由供能网络(如供电、供气、供冷/热等网络)、能源耦合设备(如热电联供(combined heat and power, CHP)机组、发电机组、锅炉、空调、热泵等)、能源存储环节(如储电、储气、储热、储冷等)、终端综合能源供用单元(如智能楼宇、微网等)和大量终端用户共同构成。图 3-1 示意了一个综合能源系统。从中可以看到，该系统包含了电力、热力以及燃气等不同能源形式的系统，并通过多样的能源耦合设备将三类能源系统耦合在了一起，最后服务于终端用户的多种用能需求。

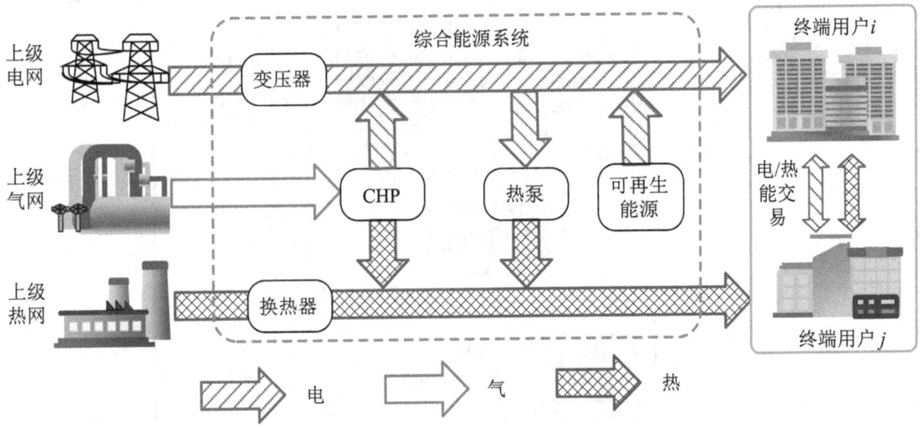

图 3-1　综合能源系统示意图

图 3-2 为某研究型园区综合能源系统示意图，涉及的建筑包括精馏中心(24#、27#、30#)、综合办公服务楼(3#)、化工类科研楼(4#)、机电类科研楼(5#)。可以看到，该系统包含了电、热、冷等多种能源形式，并通过冷热电三联供系统、热泵等设备将不同能源形式深度耦合在一起。系统配置了 150kW 的冷热兼供型热泵系统、120kW 的燃气内燃机冷热电三联供系统、400kW·h 的铅碳电池储能系统、10t 的冷/热水储能系统以及约 1MW 装机容量的光伏发电系统。

由于综合能源系统涉及多种形式能源系统的集成以及多类型能源设备的深度耦合，其从建模到多能流分析均较为复杂。为此，本章重点介绍综合能源系统涉及的各类能源子系统，包括电力、燃气和热力子系统，以及它们之间的耦合环节的建模方法，并给出多能流分析的模型和方法。首先，分别给出电力、燃气、供热及耦合环节的分析模型；随后，给出综合能源系统多能流分析模型并讨论多能流分析思路；最后，给出典型算例对分析方法进行示意。由于电力系统已经在第 2 章进行了详细的分析和建模，本章不再给出电力系统的建模内容。

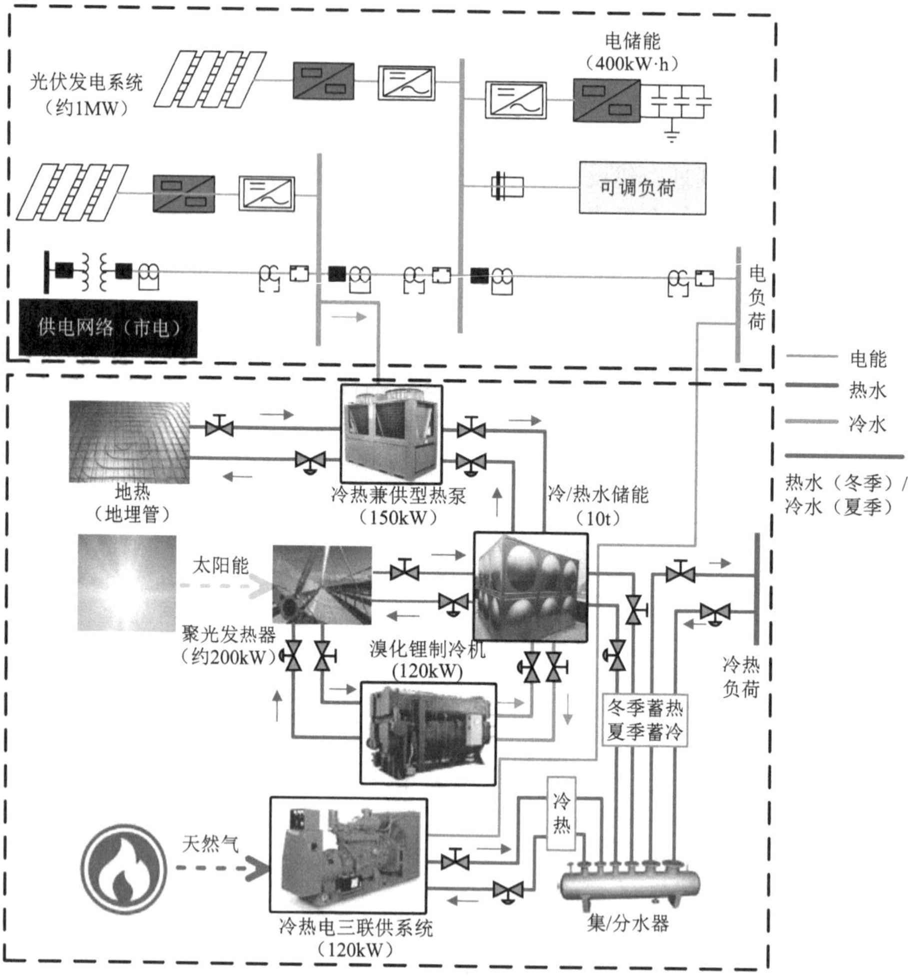

图 3-2　某研究型园区综合能源系统示意图

3.2　燃气系统的建模

3.2.1　燃气系统的基本概念

燃气系统往往涉及燃气的生产、输运、存储、终端用户用能等多个环节，一般由燃气源、复杂燃气管网、储气及终端用气设备共同构成。燃气源可以是燃气生产环节(如气田)，也可能来自上级燃气供应环节(如大型燃气站)。燃气管网包括了高压的输气网和低压的配气网，共同负责将燃气由燃气源传输到终端用户。输气网负责将燃气由气源节点传输到低压的配气网、大型燃气站或大型工业用户，而居民和商用消费者通过低压配气网供应。输气网的压力往往高达 40bar(1bar=100kPa)且传输距离较长。压缩机站沿长距离高压管道安装，以确保输气网有足够的压力来输送燃气。压缩机站由一个或多个用燃气轮机或电动机驱动的压缩机组成。图 3-3 示意了一个包含气源点、燃气节点、燃气负荷、燃气管道和燃气压缩机的 14 节点的燃气系统。

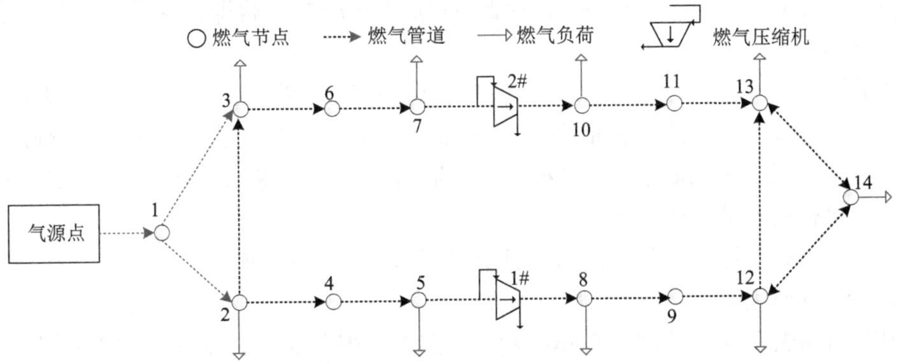

图 3-3　燃气系统示意图

3.2.2　含燃气压缩机的燃气管道模型

燃气系统主要考虑其管网环节，而管网的组成与配电系统具有一定的相似性，主要包括节点、燃气管道和压缩机。其中，节点是指在网络拓扑结构中多条支路的连接点，是对一定区域范围燃气负荷和中间联络环节的抽象。燃气管道主要用于传输燃气以及实现不同节点间的相互连接，类似于电力系统中的线路。含燃气压缩机的燃气管道模型示于图 3-4。

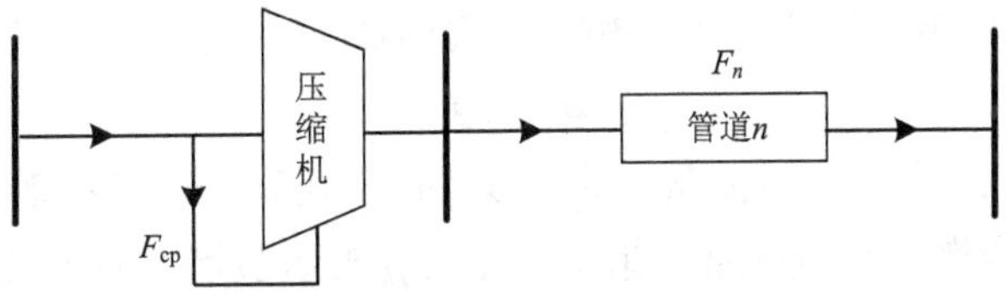

图 3-4　含压缩机的燃气管道模型

类比配电系统，燃气系统节点分类及对应的已知量和待求量示于表 3-1。

表 3-1　配电系统和燃气系统中各节点的分类

系统	变量	已知量	待求量
配电系统	电压相角 θ	电力平衡(Vθ)节点	PV 节点和 PQ 节点
	电压幅值 U	PV 节点和电力平衡节点	PQ 节点
	有功功率 P	PV 节点和 PQ 节点	电力平衡节点
	无功功率 Q	PQ 节点	PV 节点和电力平衡节点
燃气系统	节点压力 p	燃气平衡(气源)节点	除平衡节点以外的节点
	燃气节点负荷 f	除燃气平衡节点以外的节点	燃气平衡节点
	燃气管段流量 F	—	所有燃气管道

3.2.3　燃气系统的水力计算方法

对于一个由 q 个管道、n 个节点和 m 个回路组成的燃气管网，当管道的物理参数已知时，每条管道有压降和流量两个待求量，也即共有 $2q$ 个待求量，可列出的方程数为 $q+(n-1)+m$。由图论可知，$q=n+m-1$，因此 $q+(n-1)+m=2q$，也即待求量和方程个数相等，可以进行求解。

燃气系统的管网水力计算常用方法包括解环方程法、解节点方程法以及解管段方程法三种。其中，解节点方程法又包括牛顿-拉弗森法和有限元节点法。牛顿-拉弗森法对于初值的选取比较苛刻，而有限元节点法对管段流量初值要求不高，收敛性好且计算精度较高，因此本书采用有限元节点法求解。

类比基尔霍夫定律，燃气管网水力计算满足以下三个方程组。

1）节点流量连续方程

采用有向图表示燃气管网的拓扑结构，支路表示燃气管道。支路方向表示燃气流向，若与实际流向相同则为正值，相反则为负值。节点与燃气管道之间的关联性质可以用节点-支路关联矩阵 $\boldsymbol{S}$ 来描述。其中，$\boldsymbol{S}$ 矩阵中第 k 行、第 n 列的元素 S_{kn} 表示节点 k 与管道 n 之间的关联信息，取值如下：

$$S_{kn}=\begin{cases}1, & 节点k与管道n无关联，且管道正方向流入节点k\\ -1, & 节点k与管道n无关联，且管道正方向流出节点k\\ 0, & 节点k与管道n无关联\end{cases} \tag{3-1}$$

将 $\boldsymbol{S}$ 矩阵中参考节点（燃气平衡节点）所在行划去，则其为 $(n-1)\times p$ 的降阶关联矩阵。类比于基尔霍夫第一定律，任何一个燃气节点的流量代数和为零。因此，所有燃气节点的负荷等于流入和流出该节点管道流量之和，如式(3-2)所示：

$$\boldsymbol{SF}=\boldsymbol{f} \tag{3-2}$$

式中，$\boldsymbol{F}=[F_1,F_2,\cdots,F_n]^{\mathrm{T}}$ 为管道流量向量，第 n 个元素 F_n 表示燃气管道 n 的流量；$\boldsymbol{f}=[f_1,f_2,\cdots,f_{n-1}]^{\mathrm{T}}$ 为燃气负荷向量，第 k 个元素 f_k 表示节点 k 的燃气负荷。

2）管道压降方程

类比于基尔霍夫第二定律，燃气管网沿着任何一个闭合回路的压降之和为零，如式(3-3)所示：

$$\boldsymbol{B}\Delta\boldsymbol{p}=0 \tag{3-3}$$

式中，$\boldsymbol{B}$ 为 $m\times p$ 回路矩阵；$\Delta\boldsymbol{p}=[\Delta p_1,\Delta p_2,\cdots,\Delta p_p]^{\mathrm{T}}$ 为管道压降向量，对应元素表示管道始节点和末节点的压力差。

将关联矩阵 $\boldsymbol{S}$ 转置，再乘以燃气节点相对于燃气平衡节点的压力向量，即可得到各管道的压降向量，示于式(3-4)：

$$\Delta\boldsymbol{p}=\boldsymbol{S}^{\mathrm{T}}\boldsymbol{p} \tag{3-4}$$

式中，$\boldsymbol{p}=[p_1,p_2,\cdots,p_{n-1}]^{\mathrm{T}}$ 为燃气节点的压力向量。

3) 管道流量方程

F_n 可以根据式(3-5)进行计算：

$$F_n = \pi_n \sqrt{\Delta p_n} \tag{3-5}$$

$$\Delta p_n = \begin{cases} p_{n-\text{start}} - p_{n-\text{end}}, & \text{管道}n\text{为低压管道} \\ p_{n-\text{start}}^2 - p_{n-\text{end}}^2, & \text{管道}n\text{为中高压管道} \end{cases} \tag{3-6}$$

式中，Δp_n 为管道 n 的压降；$p_{n-\text{start}}$ 和 $p_{n-\text{end}}$ 为管道 n 所连始节点与末节点的压力；π_n 为管道参数，它是一个与燃气管网的物理特性、管道的流体种类以及流体流动状态相关的常量。

根据式(3-5)可得到燃气管道流量向量与管道压降向量的关系，示于式(3-7)：

$$\boldsymbol{\Delta p} = \boldsymbol{R}\boldsymbol{F}^2 \tag{3-7}$$

式中，$\boldsymbol{R}$ 为由$1/\pi_n^2$组成的常数向量。令 $\dot{\boldsymbol{R}} = \boldsymbol{R}\boldsymbol{F}$，则 $\Delta \boldsymbol{p} = \dot{\boldsymbol{R}}\boldsymbol{F}$；进一步令 $\boldsymbol{G} = 1/\dot{\boldsymbol{R}}$，可得到燃气管道流量方程，示于式(3-8)：

$$\boldsymbol{F} = \boldsymbol{G}\Delta\boldsymbol{p} \tag{3-8}$$

根据节点流量连续方程、管道压降方程和管道流量方程，可推导得到未知量 $\boldsymbol{p}$ 的线性方程组：

$$\boldsymbol{S}\boldsymbol{G}\boldsymbol{S}^{\mathrm{T}}\boldsymbol{p} = \boldsymbol{f} \tag{3-9}$$

这样就通过迭代矩阵 $\boldsymbol{Y} = \boldsymbol{S}\boldsymbol{G}\boldsymbol{S}^{\mathrm{T}}$ 将管道压降和负荷流量的关系式线性化。式(3-9)即为有限元节点法的迭代数学模型，其对应的迭代流程图示于图 3-5。

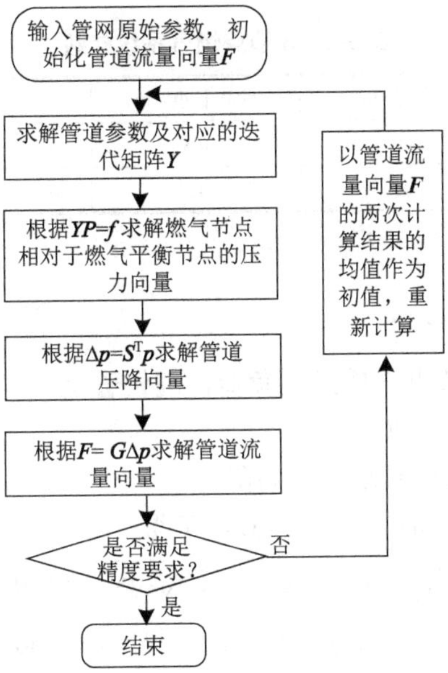

图 3-5　燃气管网有限元节点法迭代流程图

燃气系统中的压缩机主要用于提升管道压力以满足用户需要，根据消耗能源的类型，压缩机可分为电压缩机和燃气压缩机。本书考虑的压缩机类型为燃气压缩机，其功率方程如下：

$$P_{cp} = k_{cp} F_{out} T_K \left[\left(\frac{p_{in}}{p_{out}} \right)^{\frac{\alpha}{\alpha-1}} - 1 \right] \tag{3-10}$$

式中，P_{cp}为燃气压缩消耗功率(kW)；k_{cp}为压缩比；F_{out}为压缩机出口流量(m^3/h)；T_K为燃气温度(K)；p_{in}与p_{out}为压缩机入口与出口压力(p.u.)；α为压缩机的多变指数。

通过对功率进行热值转换即可得到燃气压缩机所消耗的燃气流量，如式(3-11)所示：

$$F_{cp} = P_{cp} / q_{gas} \tag{3-11}$$

式中，F_{cp}为燃气压缩机消耗的燃气流量(m^3/h)；q_{gas}为燃气热值($kW \cdot h/m^3$)。

【例题 3-1】 根据图 3-6 示意的 3 节点燃气系统示意图对其进行水力计算。已知的燃气管网参数及负荷节点燃气负荷见表 3-2。假定该燃气系统为低压燃气系统，且气源点的压力为 200kPa，求解节点 2 和 3 的压力。

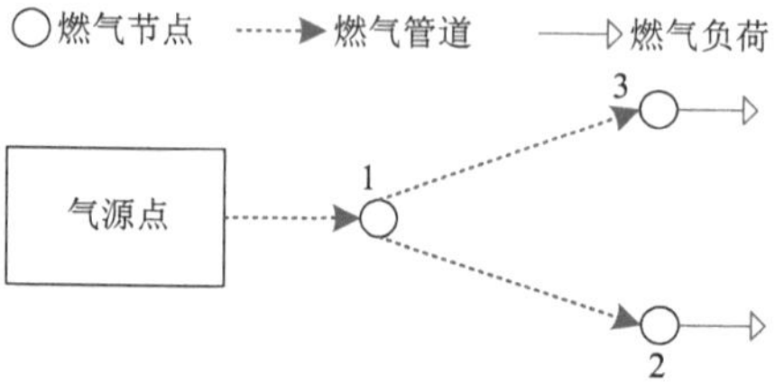

图 3-6　3 节点燃气系统示意图

表 3-2　3 节点燃气系统参数

管道起点	管道终点	管道直径/mm	管道长度/km	燃气负荷/(m^3/h)	管道参数 π_n
1	2	900	0.5	300	50
1	3	900	0.5	400	50

解　计算步骤如下。

(1)求解各条管道的燃气流量。

管道 1-2 的燃气流量为节点 2 的燃气负荷，同样管道 1-3 的燃气流量为节点 3 的燃气负荷。因此 $F_{1\text{-}2}=300m^3/h$，$F_{1\text{-}3}=400m^3/h$。

(2)根据各管道参数 π_n 求解管道的压力降。

将表 3-2 的管道参数 π_n 分别代入式(3-5)，可得

$$F_{1\text{-}2} = \pi_{1\text{-}2}\sqrt{\Delta p_{1\text{-}2}} = 50\sqrt{\Delta p_{1\text{-}2}} = 300$$

$$F_{1\text{-}2} = \pi_{1\text{-}3}\sqrt{\Delta p_{1\text{-}3}} = 50\sqrt{\Delta p_{1\text{-}3}} = 400$$

对上两式进行求解可得 $\Delta p_{1\text{-}2} = 36$，$\Delta p_{1\text{-}3} = 64$。

(3)根据各管道的压力降求解待求节点压力。

由于节点 1 为气源节点，其压力为 200kPa。根据 $\Delta p_{1\text{-}2} = 36$，$\Delta p_{1\text{-}3} = 64$ 可计算得到节

点 2 的压力为 $p_2 = p_1 - \Delta p_{1\text{-}2} = 200 - 36 = 164\,(\text{kPa})$；同样地，节点 3 的压力为 $p_3 = p_1 - \Delta p_{1\text{-}3} = 200 - 64 = 136\,(\text{kPa})$。

3.3　热力系统的建模

3.3.1　热力系统的基本概念

综合能源系统的热力系统一般对应于区域或城镇供热系统。热力系统通常由热源、供热管道、负荷三部分构成。供热管道由供水和回水管道组成，以热水或热蒸汽的形式提供热量，连接了热力生产点(热源)和终端消费者(负荷)。热网在网络层级上可以分为一次热网和二次热网，如图 3-7 所示。其中，一次热网类似于电力系统中的输电网，其特点是管道直径大，输送的热功率高，达几十甚至几百兆瓦，以大功率 CHP 机组或热厂作为热源，以热交换站作为负荷；二次热网则类似电力系统中的配电网，即本书所研究的区域供热网络，直接面向热用户供热，其以热交换站或者本地产热设备为热源，以热用户为负荷；二次热网或独立存在，或与一次热网通过热交换站连接。

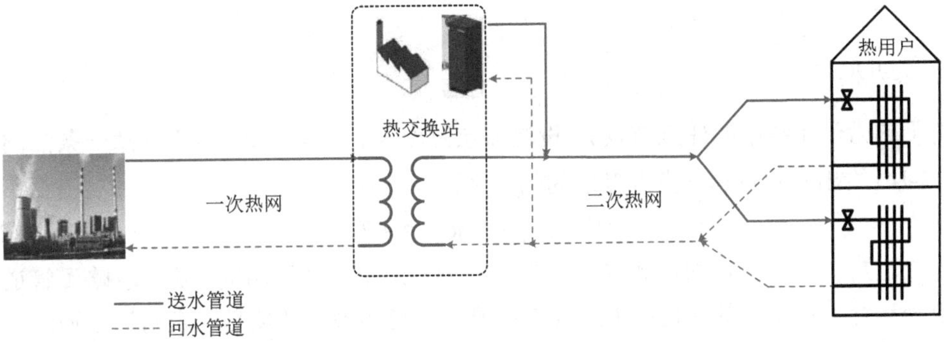

图 3-7　热力系统示意图

一次热网和二次热网除了规模大小不同，在建模方法、调节方式等方面也有区别。热网的调节方式可以分为质调节和量调节，质调节根据负荷变化对热源出口管道的水温进行相应调整，热网管段的流量则保持不变；而量调节则是对管段流量进行调整，热源出口水温保持不变。

一次热网一般采用质调节方法，因此在建模时其管段流量为固定值。而区域供热网络(二次热网)中仅对热源出水温度进行调整，无法满足所有热用户的供热需求，故其可能采用量调节方法。在建模时其管段流量为变量，同时由于其传输距离较近，常采用准静态热力模型进行建模，考虑传输过程中的热功率损耗，但不考虑动态延时作用。

3.3.2　热力系统的水力和热力模型

在进行热力系统能流分析时，首先需列解其水力方程，这与燃气系统类似。此外，热力系统中的传输能量，不仅与工质的流量有关，还与供回水管网间的温度差有关，因此在进行能流计算时，还需列解其热力方程。

1. 水力模型

二次热网的水力模型主要是其节点流量连续方程。节点流量连续方程是指流入节点的质量流量等于流出该节点的质量流量与自身的热负荷质量流量之和，如式(3-12)所示：

$$\boldsymbol{A}_{\mathrm{DN}}\boldsymbol{m}^{\mathrm{pipe}} = \boldsymbol{m}^{\mathrm{node}} \tag{3-12}$$

式中，$\boldsymbol{A}_{\mathrm{DN}}$为热网的关联矩阵，其元素中，1 表示流体从管道流入该节点，−1 表示流体从管道流出该节点，0 则表示管道与该节点无关联关系；$\boldsymbol{m}^{\mathrm{pipe}}$和$\boldsymbol{m}^{\mathrm{node}}$分别为各个管道流量矩阵和节点流量矩阵。

流体沿管道摩擦产生管道压降，其压降与流体的流量平方成正比，如式(3-13)所示：

$$p_{m,t} - p_{n,t} = \xi_l \cdot (m_{l,t}^{\mathrm{pipe}})^2, \quad \forall l \in N^{\mathrm{pipe}}, n, m \in N^{\mathrm{node}} \tag{3-13}$$

式中，m 和 n 分别为管道 l 的起始节点；$p_{n,t}$为节点 n 在 t 时刻的压力；$\xi_l = \dfrac{8k_l L_l}{d_l^5 \pi^2 \rho}$为管道特性，$k_l$、$L_l$和$d_l$分别为管道 l 的摩擦系数、长度和内壁管径，ρ为水的密度；$m_{l,t}^{\mathrm{pipe}}$为节点管道 l 在时刻 t 的流量，其构成了管道流量矩阵 $\boldsymbol{m}^{\mathrm{pipe}}$；$N^{\mathrm{pipe}}$为管道数量；$N^{\mathrm{node}}$为节点数量。

2. 热力模型

对于热力子系统中的任意节点 i，设该节点温度为T_i。进一步，对于任意一条热网管道 l，式(3-14)给出其起点和终点温度之间的关系：

$$T_n = (T_m - T_a)\mathrm{e}^{-K_{mn}} + T_a \tag{3-14}$$

式中，T_m、T_n分别为管道起点和终点温度；T_a为管道运行环境温度，这里忽略了管道起点和终点处运行环境温度的变化；K_{mn}为管道温度损耗系数，数值越大表明管道输送的损耗越大，定义为

$$K_{mn} = \frac{\lambda \cdot L}{C_p m_l^{\mathrm{pipe}} \rho} \tag{3-15}$$

式中，λ为管道单位长度传热系数，用于表征管道输送工质时的散热情况，数值越小，散热越少，输送效率越高；L为管道长度；C_p为工质载热系数；ρ为工质密度。

热力系统的末端是用户，如图 3-8 中的热负荷 1 和热负荷 2。以终端建筑为例，其消耗的热功率需要根据建筑维护结构的热力学参数以及建筑用户的用热行为进行精细化建模，因此本书暂不对热负荷进行精细化建模，假定热负荷为已知量。

3.3.3　水力-热力计算方法

对于热力系统，水力-热力模型计算的目标是通过建模计算管道流量矩阵 $\boldsymbol{m}^{\mathrm{pipe}}$、供水温度与回水温度。通常节点流量矩阵$\boldsymbol{m}^{\mathrm{node}}$是给定值，因此水力模型与热力模型可分开独立计算。首先，通过水力模型计算管道流量矩阵 $\boldsymbol{m}^{\mathrm{pipe}}$，然后将 $\boldsymbol{m}^{\mathrm{pipe}}$ 代入热力模型，通过热力模型求解供水温度与回水温度，从而完成热力系统的水力-热力计算。

【例题 3-2】　根据图 3-8 示意的 3 节点热力系统进行水力-热力计算。

给定数据为：节点 H2 的负荷流量 m^1=2kg/s，节点 H3 的负荷流量 m^2=3kg/s。热源温度为 100℃，管道运行环境温度 T_a=10℃。待求变量为 3 节点热力系统各个管道的流量和各个节点的温度。

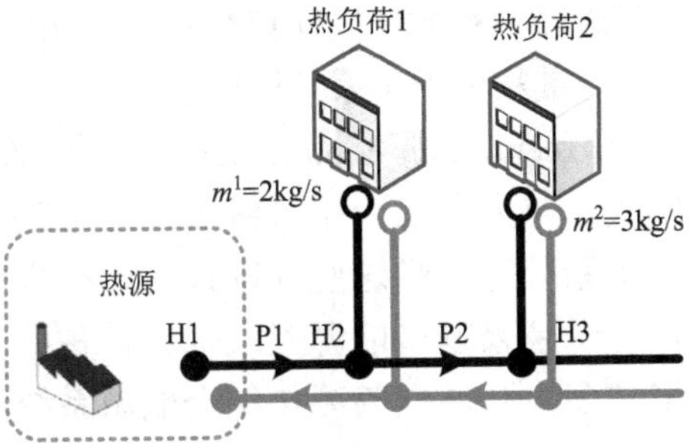

图 3-8　3 节点热力系统示意图

解　计算步骤如下。

(1) 进行水力计算。

图 3-8 所示的 3 节点热力包含了 H1、H2、H3 共 3 个热网节点，以及 P1 和 P2 两条热力管道。根据已知参数，可知 $\boldsymbol{A}_{\text{DN}}$ 和 $\boldsymbol{m}^{\text{node}}$ 如下：

$$\boldsymbol{A}_{\text{DN}} = \begin{array}{c} \\ \text{H1} \\ \text{H2} \\ \text{H3} \end{array}\begin{array}{c} \begin{array}{cc} \text{P1} & \text{P2} \end{array} \\ \begin{bmatrix} -1 & 0 \\ 1 & -1 \\ 0 & 1 \end{bmatrix} \end{array} \tag{3-16}$$

$$\boldsymbol{m}^{\text{node}} = \begin{bmatrix} -5 \\ 2 \\ 3 \end{bmatrix} \tag{3-17}$$

通过式 (3-12) 可得 $\boldsymbol{m}^{\text{pipe}}$ 如下：

$$\boldsymbol{m}^{\text{pipe}} = \begin{bmatrix} 5 \\ 3 \end{bmatrix} \tag{3-18}$$

由于本书主要聚焦于区域综合能源系统，因此热力系统主要针对图 3-7 中的二次热网。二次热网传输较短，可忽略其管道的压力降，也即热管道的水头损失。至此可以得到图 3-8 所示的 3 节点热力系统各个管道的质量流量，从而完成该系统的水力计算。

(2) 进行热力计算。

将 3 节点热力系统各个管道的质量流量（即 m_l^{pipe}）代入式 (3-15)，可得到每条管道的管道温度损耗系数 K_{mn}。随后将管道 P1 的 K_{mn} 值代入式 (3-14) 中，此时的 T_m 为热源点温度 100℃，从而可以计算得到节点 H2 的温度。随后将节点 H2 的温度作为已知量，并进一步将管道 P2 的 K_{mn} 值代入式 (3-14) 中，则可计算得到节点 H3 的温度，从而完成了该系统的热力计算。

3.4　耦合环节建模

3.4.1　概述

电气热各子系统之间，可通过多种方式实现耦合互联，如电力和热力子系统通过电热泵、电锅炉等设备实现互联，能量从电力子系统流向热力子系统；燃气和热力子系统通过燃气锅炉、燃气驱动的中央空调(central air conditioner, CAC)等设备实现互联，能量从燃气子系统流向热力子系统；燃气、电力和热力子系统通过热电联供机组实现互联，能量从燃气子系统流向热力及电力子系统等。当这些互联设备运行方式发生变化时，会影响两个以上的能源子系统。正是由于越来越多能源互联耦合设备的出现，不同能源子系统之间耦合关系和相互影响越来越多，开展电气冷热综合能源系统的统一能流分析才变得越来越重要。

3.4.2　耦合设备建模

本节给出综合能源系统里常见的两类耦合设备的模型。

1. CHP

与传统发电机组相比，CHP 机组通过消耗燃气来同时生产电能和热能，从而提高能源利用效率。在背压运行模式下，CHP 机组生产的电能和热能的比例是固定的，其运行约束如式(3-19)～式(3-21)所示：

$$P_t^{\text{chp}} = \eta_{\text{e}} P_t^{\text{g}} \tag{3-19}$$

$$H_t^{\text{chp}} = \eta_{\text{h}} P_t^{\text{g}} \tag{3-20}$$

$$0 \leqslant P_t^{\text{g}} \leqslant P^{\text{g,max}} \tag{3-21}$$

式中，P_t^{g} 是综合能源系统在 t 时刻燃气的消耗功率；P_t^{chp}、H_t^{chp} 分别是 CHP 机组在 t 时刻转化的电能和热能；η_{e}、η_{h} 分别为 CHP 的气转电/热效率；$P^{\text{g,max}}$ 为 CHP 机组额定容量。

2. 热泵

热泵通过电能做功，将自然界中的低品位热能转化为可被用户利用的高品位热能，其运行模型如式(3-22)和式(3-23)所示：

$$H_t^{\text{hp}} = \eta_{\text{hp}} P_t^{\text{hp}} \tag{3-22}$$

$$0 \leqslant P_t^{\text{hp}} \leqslant P^{\text{hp,max}} \tag{3-23}$$

式中，H_t^{hp} 为热泵提供的热能；P_t^{hp} 为热泵消耗的电能；η_{hp} 为热泵的能效系数，即电转热效率比；$P^{\text{hp,max}}$ 为热泵的额定容量。

3.4.3 基于能源集线器模型的多能耦合设备集成建模

能源集线器被定义为一种用于描述综合能源系统中“源-网-荷”各个环节之间耦合关系的输入-输出端口模型，它通过描述输入能源和输出负荷端口的耦合矩阵，简要表示电、热、气等多种形式能源之间的转化、存储、传输等各种耦合关系。利用能源集线器可方便地对综合能源系统进行建模，从而实现多种形式能源的协调优化。该模型的优势在于：①能源集线器建模方法具有高度的抽象性，只要能够对一个能源系统进行合理的建模，无论该系统大小，都能用能源集线器进行描述；②能源集线器模型既可对现有的能源系统进行整体的抽象建模，也可建模为能源系统中的能量自治单元或能量耦合单元，为能源系统的特性分析和运行规划提供模型支持。

本节重点介绍利用能源集线器模型对综合能源系统中的多能耦合设备进行集成建模的方法。以图 3-2 所示的某研究型园区综合能源系统为例，其输入包含电、热和燃气，输出包括电、燃气、热能(供应热负荷)和冷能(供应冷负荷)，其中，能源的输入和输出通过冷热电三联供系统、热泵等设备耦合在一起。为此，可以采用能源集线器模型对某研究型园区综合能源系统中的冷热电三联供系统、热泵等能源设备进行集成化的抽象建模，如图 3-9 所示。

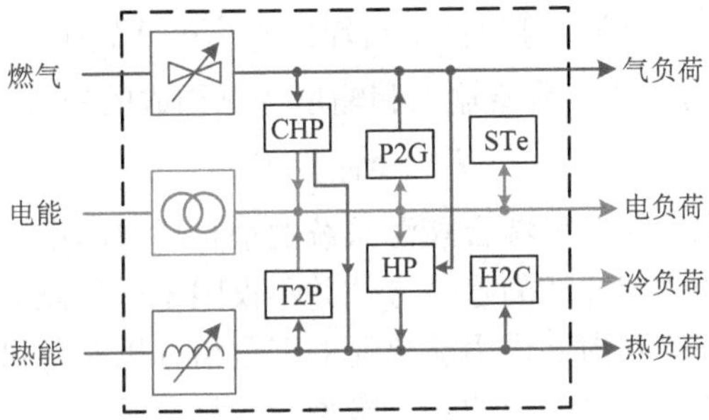

图 3-9　能源集线器典型结构

图 3-9 示意的能源集线器包括电/气/热能源输入和电/气/热能源输出。考虑到能源集线器中可能存在各种类型的分布式电源设备，能源集线器还可能包含其他形式的能源输入和输出。此外，系统中可能存在储能环节及能源转换环节。

对于第 i 个集线器，令其能源输入变量为 $\boldsymbol{X}_i^{\mathrm{EH}}=[X_i^{\mathrm{e}};X_i^{\mathrm{g}};X_i^{\mathrm{h}}]$，$X_i^{\mathrm{e}}$、$X_i^{\mathrm{g}}$、$X_i^{\mathrm{h}}$ 分别为其电能、燃气和热能输入量；其输出端尽管包括电能、燃气、冷能和热能，但由于冷能与热能是同一种能源的两种外在表现形式，因此本书将其视为同类能源，故输出变量为 $\boldsymbol{Y}_i^{\mathrm{EH}}=[Y_i^{\mathrm{e}};Y_i^{\mathrm{g}};Y_i^{\mathrm{h}}]$，$Y_i^{\mathrm{e}}$、$Y_i^{\mathrm{g}}$、$Y_i^{\mathrm{h}}$ 分别为电能、燃气和热能输出量。式(3-24)给出该能源集线器的模型描述：

$$\boldsymbol{Y}_i^{\mathrm{EH}}=\boldsymbol{C}_i^{\mathrm{EH}}\cdot\boldsymbol{X}_i^{\mathrm{EH}} \tag{3-24}$$

式中，$\boldsymbol{C}_i^{\mathrm{EH}}$ 为该集线器对应的能量变换矩阵，可表示为

$$C_i^{\mathrm{EH}}=\begin{bmatrix}\eta_i^{\mathrm{ee}} & \eta_i^{\mathrm{eg}} & \eta_i^{\mathrm{eh}}\\ \eta_i^{\mathrm{ce}} & \eta_i^{\mathrm{cg}} & \eta_i^{\mathrm{ch}}\\ \eta_i^{\mathrm{he}} & \eta_i^{\mathrm{hg}} & \eta_i^{\mathrm{hh}}\end{bmatrix} \tag{3-25}$$

式中，当 $x\neq y$ 时，矩阵非对角元素 η_i^{xy} 表示能源在类型 x 和 y 之间转换的能效系数；当 $x=y$ 时，矩阵对角元素 η_i^{xx} 则表示 x 类型能源，通过该集线器输送的效率，如电能经变压器由输入端输送到输出端，燃气经压缩机输送到输出端，热能由换热器输送到输出端，η_i^{xx} 反映在上述能源输送过程中的运行效率；$x,y\in\{\mathrm{e},\mathrm{g},\mathrm{h}\}$，分别表示电能、燃气能和热能。

当能源集线器的输入变量 X_i^{EH} 已知时，可利用式(3-24)计算得到输出变量 Y_i^{EH}。反之，若 Y_i^{EH} 的数值发生变化，则可用式(3-26)得到输入变量 X_i^{EH}：

$$X_i^{\mathrm{EH}}=\left(C_i^{\mathrm{EH}}\right)^{-1}\cdot Y_i^{\mathrm{EH}} \tag{3-26}$$

式中，$\left(C_i^{\mathrm{EH}}\right)^{-1}$ 为 C_i^{EH} 对应的广义逆矩阵。

在实际应用中，要么给定输入端变量 X_i^{EH}，要么给定输出变量 Y_i^{EH}，为简单起见，均假设 Y_i^{EH} 为已知量，X_i^{EH} 为待求量。因此，可将式(3-24)和式(3-26)统一表示为

$$F_i^{\mathrm{EH}}(X_i^{\mathrm{EH}})=Y_i^{\mathrm{EH}}-C_i^{\mathrm{EH}}\cdot X_i^{\mathrm{EH}}=0 \tag{3-27}$$

若设 $x_{\mathrm{EH}}=[X_1^{\mathrm{EH}};X_2^{\mathrm{EH}};\cdots;X_{N_{\mathrm{EH}}}^{\mathrm{EH}}]$ 和 $y_{\mathrm{EH}}=[Y_1^{\mathrm{EH}};Y_2^{\mathrm{EH}};\cdots;Y_{N_{\mathrm{EH}}}^{\mathrm{EH}}]$，$N_{\mathrm{EH}}$ 为系统中包含的能源集线器数量，x_{EH} 和 y_{EH} 为全部集线器输入和输出变量构成的向量。则式(3-27)可表示为

$$F_i^{\mathrm{EH}}(x_{\mathrm{EH}})=0 \tag{3-28}$$

需要指出的是，能源集线器为综合能源系统的耦合环节的统一建模提供了一种通用模型构建方法与思路，因此本节介绍的建模方法并不仅限于一种能源集线器结构。对于其他类型的能源集线器，可根据其内部供用能单元的配置情况以及各供用能单元的数学模型，采用能源集线器建模方法，得到相应的统一模型。一种通用的能源集线器建模方法流程示于图 3-10，图中 EC 为能源集线器的缩写。

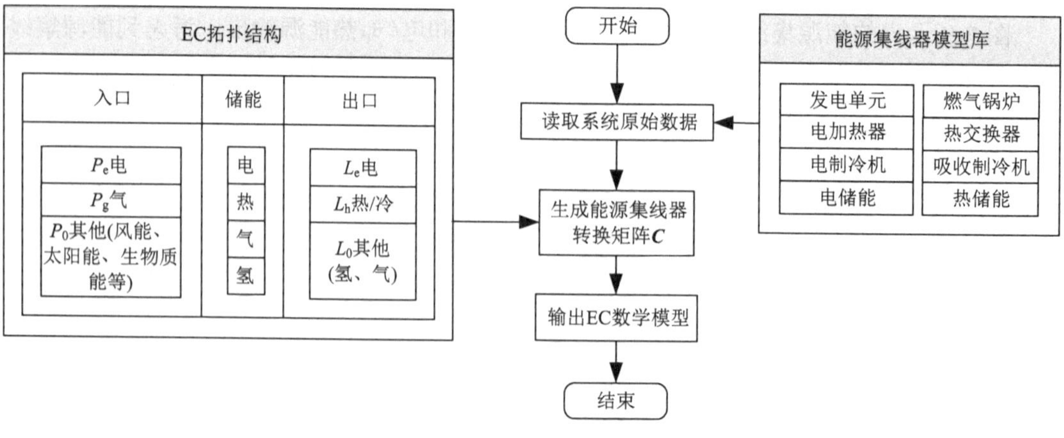

图 3-10　能源集线器建模流程图

3.5　综合能源系统多能流分析

3.5.1　多能流分析模型

基于前述所给能源集线器模型，完成对电/气/热综合能源系统综合潮流的求解，所用的潮流模型可描述为

$$\begin{cases} \boldsymbol{F}_{\mathrm{e}}(\boldsymbol{x}_{\mathrm{e}}, \boldsymbol{y}_{\mathrm{EH}}) = 0 \\ \boldsymbol{F}_{\mathrm{g}}(\boldsymbol{x}_{\mathrm{g}}, \boldsymbol{y}_{\mathrm{EH}}) = 0 \\ \boldsymbol{F}_{\mathrm{h}}(\boldsymbol{x}_{\mathrm{h}}, \boldsymbol{y}_{\mathrm{EH}}) = 0 \\ \boldsymbol{F}_{\mathrm{EH}}(\boldsymbol{x}_{\mathrm{EH}}, \boldsymbol{y}_{\mathrm{EH}}) = 0 \end{cases} \tag{3-29}$$

式中，$\boldsymbol{F}_{\mathrm{e}}$为电力系统方程；$\boldsymbol{F}_{\mathrm{g}}$为燃气系统方程；$\boldsymbol{F}_{\mathrm{h}}$为热力系统方程；$\boldsymbol{F}_{\mathrm{EH}}$为能源集线器方程；$\boldsymbol{x}_{\mathrm{e}}$为电气系统变量，包括电压和相角、负荷及发电有功和无功等；$\boldsymbol{x}_{\mathrm{g}}$为燃气系统变量，包括压力、流量和压缩机压缩比等；$\boldsymbol{x}_{\mathrm{h}}$为热力系统变量，包括节点压力、温度和管道流量等；$\boldsymbol{x}_{\mathrm{EH}}$为能源集线器的变量，包括电/热负荷以及与综合能源系统的交换功率等。

3.5.2　计算方法

根据多能潮流模型，可将式(3-29)表示为一个整体，如下：

$$\boldsymbol{F}(\boldsymbol{x}) = 0 \tag{3-30}$$

式中，$\boldsymbol{F} = [\boldsymbol{F}_{\mathrm{e}}; \boldsymbol{F}_{\mathrm{g}}; \boldsymbol{F}_{\mathrm{h}}; \boldsymbol{F}_{\mathrm{EH}}], \boldsymbol{x} = [\boldsymbol{x}_{\mathrm{e}}; \boldsymbol{x}_{\mathrm{g}}; \boldsymbol{x}_{\mathrm{h}}; \boldsymbol{x}_{\mathrm{EH}}]$。由于式(3-30)含有非线性项，在求解过程中，需首先利用泰勒展开技术，建立线性增量方程；然后，通过反复迭代求解增量方程的解，进而实现对式(3-30)解的不断修正，最终实现能流方程的求解。牛顿法是迭代求解非线性方程的一种常用方法，若采用它对式(3-30)进行求解时，其过程如下。

步骤一：令迭代参数 k=0，并设定初始值 $\boldsymbol{x}^{(0)}$。

步骤二：在 $\boldsymbol{x}^{(k)}$ 附近，对式(3-30)进行泰勒展开，并忽略二阶以上高阶项，得到如下线性化方程：

$$\boldsymbol{F}(\boldsymbol{x}^{(k)}) + \boldsymbol{J}^{(k)} \cdot \Delta\boldsymbol{x}^{(k)} = 0 \tag{3-31}$$

式中，$\Delta\boldsymbol{x}^{(k)}$为待求参量 $\boldsymbol{x}$ 的修正量；$\boldsymbol{J}^{(k)} = \boldsymbol{J}(\boldsymbol{x})|_{\boldsymbol{x}=\boldsymbol{x}^{(k)}}$ 为第 k 次迭代过程中，系统的雅可比矩阵，$\boldsymbol{J}(\boldsymbol{x})$ 的表达式如下：

$$\boldsymbol{J}(\boldsymbol{x}) = \frac{\partial \boldsymbol{F}}{\partial \boldsymbol{x}} = \begin{bmatrix} \boldsymbol{J}_{\mathrm{e}} & \boldsymbol{0} & \boldsymbol{0} & \dfrac{\partial \boldsymbol{F}_{\mathrm{e}}}{\partial \boldsymbol{x}_{\mathrm{EH}}} \\ \boldsymbol{0} & \boldsymbol{J}_{\mathrm{g}} & \boldsymbol{0} & \dfrac{\partial \boldsymbol{F}_{\mathrm{g}}}{\partial \boldsymbol{x}_{\mathrm{EH}}} \\ \boldsymbol{0} & \boldsymbol{0} & \boldsymbol{J}_{\mathrm{h}} & \dfrac{\partial \boldsymbol{F}_{\mathrm{h}}}{\partial \boldsymbol{x}_{\mathrm{EH}}} \\ \dfrac{\partial \boldsymbol{F}_{\mathrm{EH}}}{\partial \boldsymbol{x}_{\mathrm{e}}} & \dfrac{\partial \boldsymbol{F}_{\mathrm{EH}}}{\partial \boldsymbol{x}_{\mathrm{g}}} & \dfrac{\partial \boldsymbol{F}_{\mathrm{EH}}}{\partial \boldsymbol{x}_{\mathrm{h}}} & \boldsymbol{J}_{\mathrm{EH}} \end{bmatrix} \tag{3-32}$$

$$\boldsymbol{J}_{\mathrm{e}}=\frac{\partial \boldsymbol{F}_{\mathrm{e}}}{\partial \boldsymbol{x}_{\mathrm{e}}} \tag{3-33}$$

$$\boldsymbol{J}_{\mathrm{g}}=\frac{\partial \boldsymbol{F}_{\mathrm{g}}}{\partial \boldsymbol{x}_{\mathrm{g}}} \tag{3-34}$$

$$\boldsymbol{J}_{\mathrm{h}}=\frac{\partial \boldsymbol{F}_{\mathrm{h}}}{\partial \boldsymbol{x}_{\mathrm{h}}} \tag{3-35}$$

$$\boldsymbol{J}_{\mathrm{EH}}=\frac{\partial \boldsymbol{F}_{\mathrm{EH}}}{\partial \boldsymbol{x}_{\mathrm{EH}}} \tag{3-36}$$

步骤三：求解式(3-31)所示的线性方程，计算得到修正量：

$$\Delta \boldsymbol{x}^{(k)}=-[\boldsymbol{J}^{(k)}]^{-1}\cdot \boldsymbol{F}(\boldsymbol{x}^{(k)}) \tag{3-37}$$

步骤四：计算方程迭代解：

$$\boldsymbol{x}^{(k+1)}=\boldsymbol{x}^{(k)}+\Delta \boldsymbol{x}^{(k)} \tag{3-38}$$

步骤五：判断算法是否收敛：若迭代误差小于给定阈值 $\Delta E_{rr}^{k}<\varepsilon$，其中 $\Delta E_{rr}^{k}=\|\boldsymbol{F}(\boldsymbol{x}^{(k+1)})\|$ 为第 k 次计算过程的迭代误差，则转步骤六。否则，判断是否达到最大迭代次数 $k\geqslant k_{\max}$，若已达到，则显示算法不收敛，转步骤七；否则，令 $k=k+1$，转步骤二继续。

步骤六：计算成功，输出计算结果。

步骤七：程序结束。

习　题

1. IEEE 33 节点配电系统集成 7 节点燃气系统的多能流计算。

IEEE 33 节点配电系统集成 7 节点燃气系统的综合能源系统算例如图 3-11 所示。系统包括以下三部分。

(1)配电系统：基于 IEEE 33 算例，系统数据见第 2 章。

(2)燃气系统：包含 7 个节点，系统数据见表 3-3。气源点设为恒压源，其压力值为 400kPa。

表 3-3　燃气系统参数

燃气管道编号	管道起点	管道终点	管道直径/mm	管道长度/km
1	1	2	400	5
2	2	3	200	3
3	2	4	200	5
4	4	5	200	10
5	5	6	200	3
6	5	7	200	3

(3)能源集线器：四个能源集线器分别在配电系统的 8、13、16 和 33 节点以及燃气系统的 3、4、6 和 7 节点接入。能源集线器中各设备容量列于表 3-4。

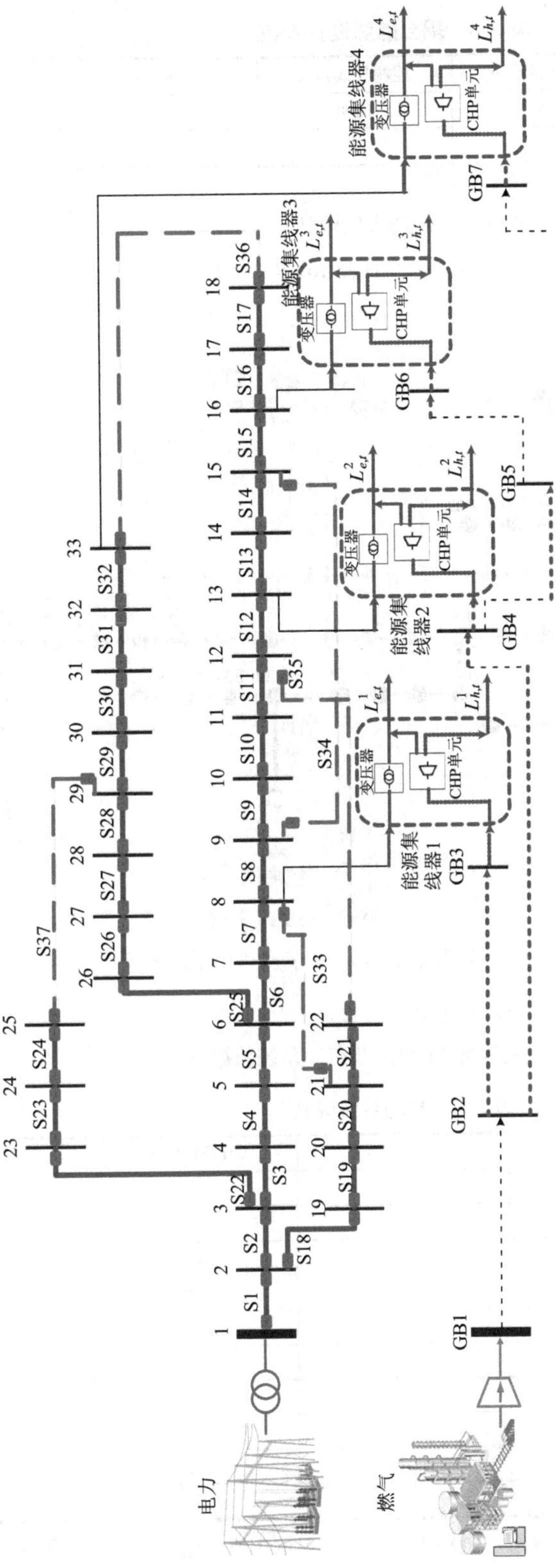

图 3-11　IEEE 33 节点配电系统集成 7 节点燃气系统示意图

表 3-4　耦合能源设备参数

设备类型	参数	能源集线器 1	能源集线器 2	能源集线器 3	能源集线器 4
CHP	容量/kW	1000	1000	1000	1000
	数量	7	3	3	5

2. IEEE 33 节点配电系统集成 11 节点热力系统的多能流计算。

IEEE 33 节点配电系统集成 11 节点热力系统的综合能源系统算例示意图如图 3-12 所示。系统包括以下三个部分。

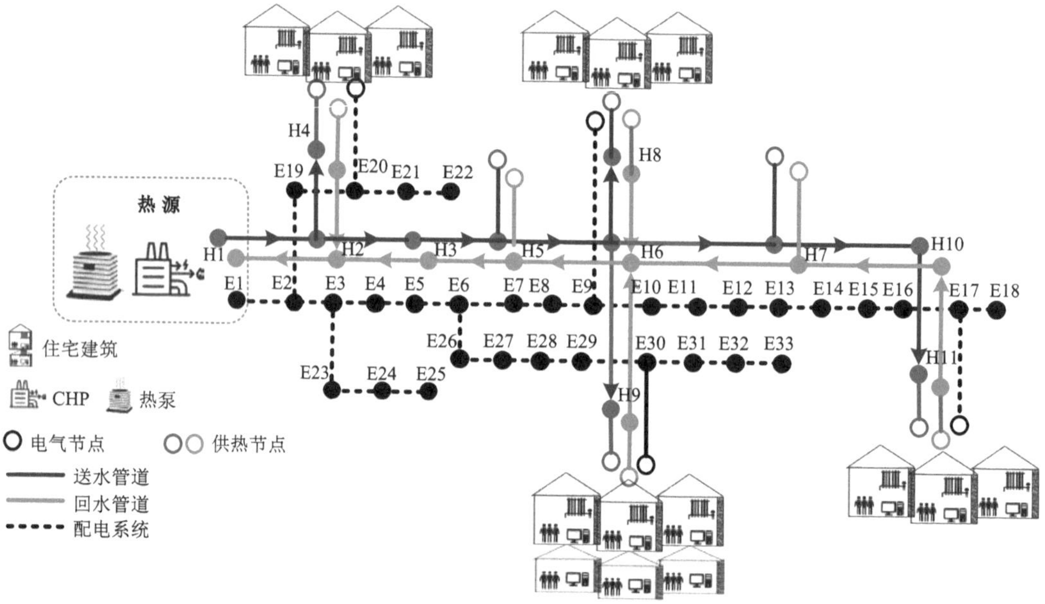

图 3-12　IEEE 33 节点配电系统集成 11 节点热力系统示意图

(1)配电系统：基于 IEEE 33 算例，系统数据见第 2 章。

(2)热力系统：该系统为二次热网，共包含 11 个热节点，系统数据见表 3-5。

表 3-5　热力系统参数

热力管道编号	管道起点	管道终点	管道直径/mm	管道长度/m
1	1	2	500	500
2	2	3	500	300
3	2	4	400	800
4	3	5	500	300
5	5	6	400	600
6	6	7	400	400
7	6	8	400	600
8	6	9	400	600
9	7	10	400	800
10	10	11	400	300

(3)住宅建筑：该综合能源系统的终端用电和用热负荷。习题中直接给出不同节点的建筑热负荷均为 1600kg/s。

第 4 章　综合能源系统中的储能

4.1　储 能 概 述

储能技术是一种实现能量存储的技术，将能量从一种形式转换成可储存形式并储存在各种介质中，然后在需要时将储存的能量转换为特定形式释放。在综合能源系统中，储能技术发挥着至关重要的作用，确保各能源子系统之间的协调互动和能量互济。随着大规模可再生能源(如风能和太阳能)的接入，储能系统可以有效缓解由其间歇性和波动性带来的功率、频率和电压波动问题。通过储能系统，能源可以在低需求时段存储，并在高需求时段释放，从而促进供需平衡，提高系统的稳定性和效率。储能技术不仅用于电力系统的削峰填谷，还能通过多种方式实现综合能源系统中各能源子系统之间的协调。例如，通过移动储能和电动汽车来连接电力系统与交通系统，利用氢、氨、醇等化学燃料储能连接电力系统与化学工业系统及工业用能系统，利用储电和储热系统连接电力系统与热力系统。通过这些能量耦合方式，储能技术实现了不同能源形式之间的转换与存储，推动和提升了能源系统的多元化与灵活性。综合能源系统中常用的储能形式包括电化学储能、冷/热储能、氢储能等。储能在综合能源系统中实现了多种能源系统在时间和空间维度上的解耦，使能源生产、输送与消费的过程更加高效、灵活和可控，推动综合能源利用的可持续发展。

4.2　储 能 技 术

4.2.1　储能的基本原理

在能源的开发、转换、传输和使用过程中，往往会出现能源供应与需求在数量、空间和时间上的不匹配。作为一种能量存储与释放技术，储能技术能够有效弥补这些差异，从而提升能源系统灵活性。

储能技术在多个领域具有广泛应用。首先，储能技术的使用能够避免能量品质衰减；自然界中某些不稳定能源，如风能、太阳能和地热能等，常因自然耗散而失去可转化性。例如，风能逐渐扩散减弱，地热在释放后逸散到空气中，太阳能多数最终转化为地表的热能。储能技术能够将这些能源转换并储存为更稳定的形式，避免自然衰减带来的浪费。其次，储能技术可以有效提升能源转换能力；虽然一些能源本身具备良好的储存特性(如化石能源和地热资源)，但在实际利用过程中仍需储能技术支持。例如，在可再生能源发电中，太阳能与风能因天气和时间变化而不稳定，这导致发电功率的随机性和波动性。储能技术可用于平滑功率的波动，增强电力系统稳定性和提高可再生能源消纳。再次，储能技术在提高能源使用便捷性和经济性方面发挥重要作用；例如，家庭安装的光伏系统中，白天发电高峰时多余电能可储存在电池中，供夜晚使用，从而实现用电自给自足。此外，电动汽车可通过夜间低电价充电，并在白天高效供能，降低成本。最后，储能技术在推动清洁能源应用和环境保护方面功不可没；例如，利用储能装置收集并储存工业过程中产生的余热或余压，可替代传统化石燃料，实现节能减排。此外，氢能作为绿色能源，与储能技术结合后，不仅能高效利用自然资源，还能有效减少温室气体排放，为低碳目标提供技术支持。

因此，储能技术是实现能源合理、高效、清洁利用的重要手段，已广泛应用于工商业、交通运输、航空航天以及日常生活中。近年来，随着电力系统和信息通信技术的发展，储能的概念从传统意义上利用机械、电气、化学等形式进行能量存储的狭义储能，逐步扩展为广义储能。广义储能不仅包括一次能源(如天然气、煤炭、石油)的存储，还包括二次能源(如电能、热能、氢能)的存储。此外，广义储能还涵盖了电动汽车、智能楼宇、复杂工业流程等需求侧可调节的灵活性资源，这些资源可以视为虚拟储能。虽然储能的概念在不断地扩展与更新中，但其通常具备一些基本性能指标如表 4-1 所示。

表 4-1　储能基本性能指标的概念

性能指标	定义
容量	储能系统所能储存的有效能量
能量	储能系统在应用过程中所能释放的有效能量
转换效率	储能系统在完成某次充放能循环后，所能释放的有效能量与所能存储的有效能量的比值
响应时间	储能系统接收充、放能指令到实际执行充、放能行为之间的时间
能量密度	单位质量或体积内存储的有效能量
功率密度	单位质量或体积内储能系统所能输出的最大功率
循环寿命	储能系统在寿命周期内所能实现的最大循环次数
自损耗率	储能系统单位时间内的自损耗能量

4.2.2　储能的基本能量模型

储能是实现能量时空转移的有效技术，其将多余的能量存储并在需要时进行释放，并辅助综合能源系统分配，实现能源的高效利用。为说明储能的充放能力及运行特性，本节对多类型储能能量转化过程进行统一建模并以能量状态(state of energy，SOE)表示储能当前储存能量与最大容量的百分比。SOE 是衡量储能剩余能量的一个关键参数，对储能管理和使用非常重要。储能系统在运行过程中的约束分为功率约束和能量状态约束，即

$$0 \leqslant P_{\text{ESS},i}^{\text{dis}}(t) \leqslant P_{\text{ESS.max},i} \tag{4-1}$$

$$0 \leqslant P_{\text{ESS},i}^{\text{ch}}(t) \leqslant P_{\text{ESS.max},i} \tag{4-2}$$

$$\text{SOE}_{\min,i} \leqslant \text{SOE}_i(t) \leqslant \text{SOE}_{\max,i} \tag{4-3}$$

式中，$P_{\text{ESS},i}^{\text{dis}}(t)$ 和 $P_{\text{ESS},i}^{\text{ch}}(t)$ 分别为第 i 个储能装置在 t 时刻的放能和充能功率值；$P_{\text{ESS.max},i}$ 为储能充放功率上限；$\text{SOE}_i(t)$ 为第 i 个储能装置在 t 时刻的能量状态；$\text{SOE}_{\max,i}$ 和 $\text{SOE}_{\min,i}$ 分

别为第 i 个储能装置 SOE 的上、下限。此外，SOE 严格按照时间顺序根据充放功率大小进行累积计算，其值在时序上具有绝对的连续性，如式(4-4)与式(4-5)所示。理论上，当储能系统充满时，SOE 的值为 1。在实际运行过程中，储能系统通常工作于一个固定的循环周期 T，为了维持储能系统的持续工作，每个循环周期 T 内的最终 SOE 应和初始 SOE 保持一致，如式(4-6)所示。

$$\mathrm{SOE}_i(t)=\mathrm{SOE}_i(t-1)\cdot(1-\delta)+\frac{P_{\mathrm{ESS},i}^{\mathrm{ch}}(t)\Delta t\eta_{\mathrm{C}}}{E_{\mathrm{rate},i}} \tag{4-4}$$

$$\mathrm{SOE}_i(t)=\mathrm{SOE}_i(t-1)\cdot(1-\delta)-\frac{P_{\mathrm{ESS},i}^{\mathrm{dis}}(t)\Delta t}{\eta_{\mathrm{D}}E_{\mathrm{rate},i}} \tag{4-5}$$

$$\mathrm{SOE}_i(0)=\mathrm{SOE}_i(T) \tag{4-6}$$

式中，δ 为储能的自损耗率；η_{C} 和 η_{D} 分别为储能系统的充能和放能效率；$E_{\mathrm{rate},i}$ 为第 i 个储能的额定容量；$\mathrm{SOE}_i(0)$ 和 $\mathrm{SOE}_i(T)$ 分别为第 i 个储能在运行优化周期的初始时刻和最终时刻的 SOE。

4.3　综合能源系统典型储能形式

综合能源系统典型储能的定义及应用场景

4.3.1　概述

在传统电网中，储能技术一般指电储能，它通过将电能转换为其他能量形式进行存储，并在需求时转换为电能释放，以提高电力系统的稳定性和效率。储能技术广泛应用于发电、输电、配电和用电等各个环节。根据存储形式的不同，储能通常可以分为五大类：电化学储能、电磁储能、机械储能、化学储能及热储能。综合能源系统能够实现电、气、热等多种能源之间的相互转换，促进新能源网络的高度耦合和能量协调。在综合能源系统中，储能技术能够以多种形式的能源为输入，直接输出终端用户所需的能量。这种方式减少了多重转化过程和相关成本，并且可以为大功率设备提供可靠的能源支持。故本节将综合能源系统中的储能分为电储能、热储能和氢储能，分别应用于不同的能量环节。

4.3.2　电储能

1. 概述

电储能为适用于电网系统应用的储能系统，常将电能转换为相应能量形式储存起来并在需要时转换为电能释放。常见的电储能包括各类电池储能、超导储能、超级电容储能、压缩空气储能、飞轮储能以及分布式抽蓄储能。

电池储能系统(battery energy storage system，BESS)是广泛应用于工业和日常生活的一种电能储存技术。图 4-1 展示了典型电池储能系统的简化运行原理。BESS 由多个电化学电池串联或并联而成，通过电化学反应产生所需电能。每个电池包含两个电极，即一个阳极和一个阴极，电解质可以是固体、液体、气体和胶体状态，电池能够在电能和化学能之间双向转换能量。在放电过程中，电化学反应同时在阳极和阴极发生。电子从阳极提供给外部电路，并在阴极处被收集。在充电过程中，则发生相反的化学反应，通过在两个电极施加外部电压来对电池进行充电。这些电池的特性和工作原理使其成为可靠的能量储存解决方案，在诸如移动设备、电动汽车、关键负荷的不间断电源以及电网侧储能等各种应用中发挥着重要作用。BESS 的建设所需时间相对较短，其安装位置非常灵活。目前，电池储能较低的循环寿命和较高的配置成本是大型电池储能广泛应用的主要障碍。如果使用有毒化学材料，则必须考虑废弃电池的处理或回收问题。此外，由于许多电池的使用寿命取决于其循环放电深度，因此储能电池不能完全放电。但电池储能的循环效率可达到 90%以上，输出功率范围较广。目前常用的储能电池主要包括锂和铅酸等蓄电池、液流电池和钠硫电池等。

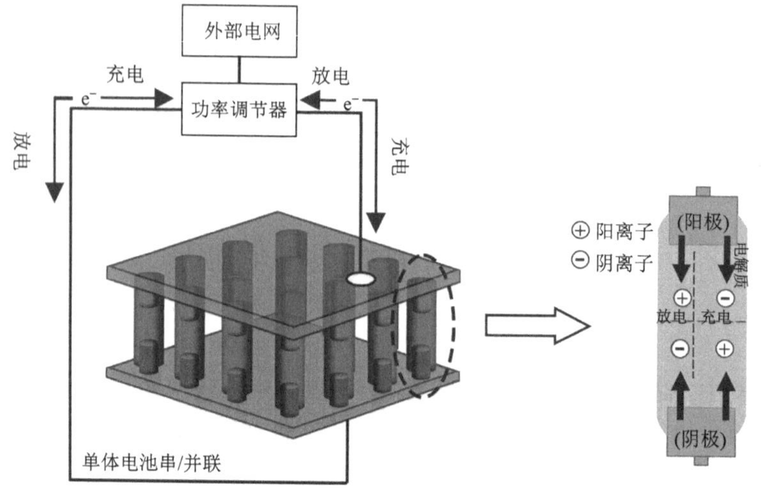

图 4-1　电池储能系统的简化运行原理图

超导储能(superconducting magnetic energy storage, SMES)系统通常由超导单元、低温恒温器和相应的转换系统组成，如图 4-2 所示。超导储能系统通过电网供电将电磁能存储在超导线圈中，并在需要时释放出来。超导储能系统的效率可达 97%，具有毫秒级的响应速度，循环次数超过 10 万次，使用寿命超过 20 年。尽管超导储能的比能量[1)]和比功率[2)]都相对较高，但昂贵的超导体材料和环境维护费用是其发展的主要瓶颈。此外，强磁场对环境的影响也引起了广泛关注。超导储能适用于输配电网的电压支撑、功率补偿、频率调节、改善系统供电可靠性、瞬时平滑可再生能源出力以及解决大型用户的电压稳定和电能质量问题。

超级电容器(super capacitor storage, SCS)，又称双电层电容器，包含两个导电电极、电解质和多孔隔膜。由于其结构特点，超级电容器兼具传统电容器和电化学电池的特性。能量以静电荷形式储存在电解质与两个导电电极之间的表面上。高性能的超级电容器通常采用纳米材料制成，以增加电极表面积，从而提升电容量。与传统电池相比，超级电容器在

1) 比能量是指单位质量/体积的储能可提供的能量，其典型单位是(W·h)/kg 或(W·h)/L。

2) 比功率是指单位质量/体积的储能可输出的功率，其典型单位为 W/kg 或 W/L。

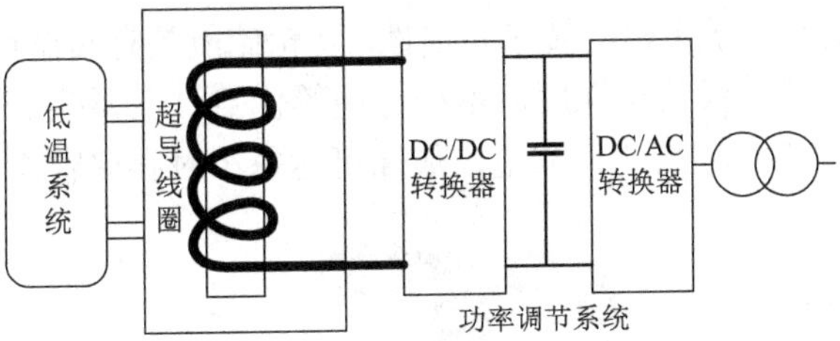

图 4-2　超导原理图

储能方面具备显著优势，如高效率、快速充放电、较高的比功率和较宽的工作温度范围。与电池储能和传统电容器相比，超级电容器的功率密度和能量密度介于两者之间。其显著优势在于长循环寿命，通常可达 10 万次以上，且具有较高的循环效率，通常为 84%～97%。然而，其较高的日自放电率(通常为 5%～40%)和较高的初期投资成本使其不适用于大规模、长期的能源储存。因此，超级电容器更适合用于短期和高功率需求的储能场景。

压缩空气储能(compressed air energy storage，CAES)是一种成熟的能量型电能储存技术，能够为单个机组提供超过 100MW 的输出功率，并且其设计容量、输出功率范围广泛，放电持续时间可以从几分钟到几天不等，使用寿命超过 50 年。CAES 原理如图 4-3 所示。CAES 的运行过程可以分为四个阶段：压缩、换热、储气和透平膨胀。其工作原理如下：在电力需求低谷时，电能驱动压缩机压缩空气，同时回收压缩过程中产生的热能，将电能转化为高压气体内能和热能进行存储；在电力需求高峰时，储气装置释放高压气体，经储热装置预热后进入透平膨胀机进行膨胀，将高压气体内能和热能转化为电能，实现电力供应。

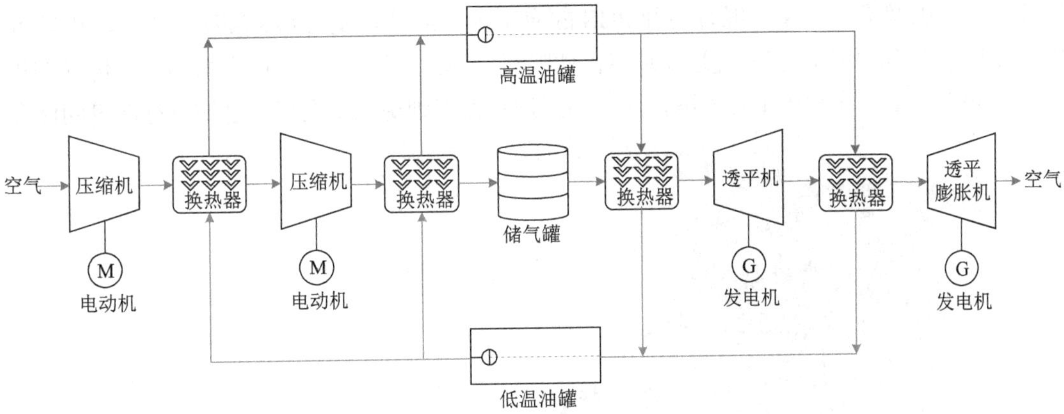

图 4-3　压缩空气储能原理图

飞轮储能(flywheel energy storage，FES)为典型的功率型储能，其系统由五个主要部件组成：飞轮、轴承组、电机/发电机、电力电子装置和真空室，其简化结构如图 4-4 所示。FES 系统通过电能来加速或减速飞轮，即通过集成电机/发电机将能量传递到飞轮或从飞轮传递出去。为了减少由风切变和空气阻力造成的能量损失，FES 系统通常放置在高真空环境中。飞轮储能的能量取决于飞轮的转速和惯性。飞轮储能具有高循环效率(在额定功率下可达 95%)、高功率密度、浅放电深度、维护方便等优点。主要缺点是飞轮在待机状态时会产生空转损失，导致相对较高的自放电，最高可达每小时存储容量的 20%。

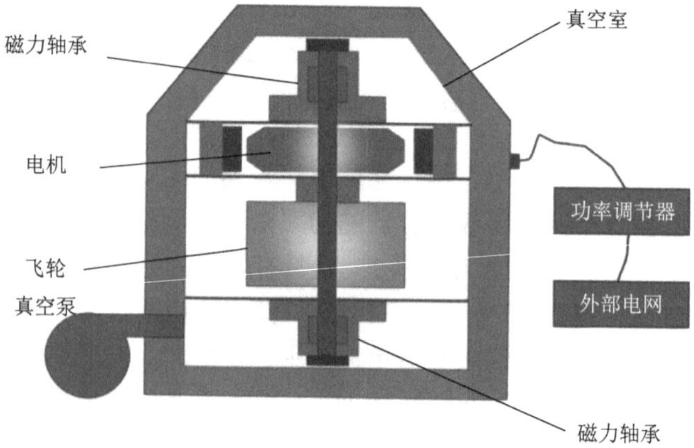

图 4-4　飞轮储能原理图

抽水蓄能(pumped hydroelectric storage，PHS)是一种历史悠久、技术成熟度高、能量容量大的储能技术。如图 4-5 所示，典型的 PHS 发电站使用两个垂直分开的水库，即图中所示蓄水池。在非用电高峰时段，水被抽入高位蓄水池；在用电高峰时段，水可以被释放回低位蓄水池。在此过程中，水为涡轮机组提供动力，涡轮机组驱动电机发电。储存的能量取决于两个水库之间的高度差和储存的总水量。PHS 的额定功率取决于通过水轮机的水压和流速，以及额定功率。现有各种 PHS 的应用主要涉及能量时移、频率控制、非旋转备用和能量备用等。然而，受到选址及环境评估限制，PHS 通常建设时间长、投资大。传统 PHS 通常依赖于大型水库和集中式电网，而分布式抽水蓄能则更注重在局部区域进行能量的储存

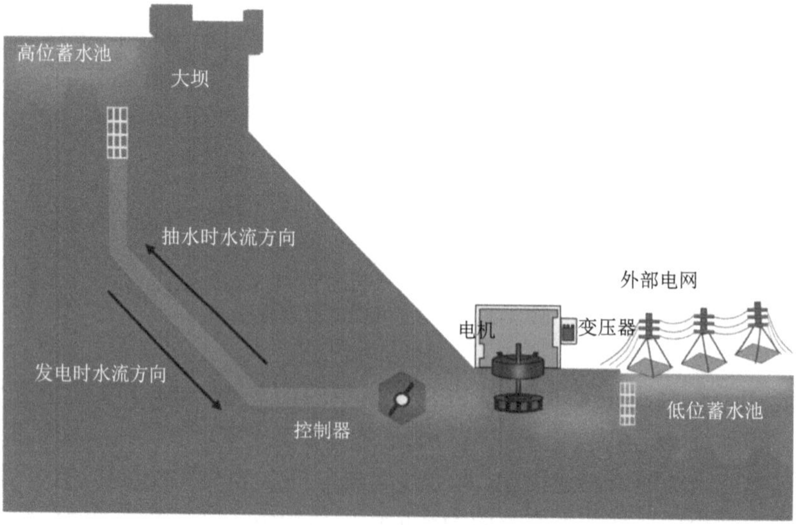

图 4-5　抽水蓄能原理图

和管理。具体而言，分布式抽水蓄能系统利用地形高度差，使用电力将低位水体抽至高位储存。当电力需求增加时，释放高位水体，通过水轮机发电，以满足用电需求。与集中式抽水蓄能相比，分布式抽水蓄能系统规模较小，灵活性更高，可以更好地适应局部能源需求的波动，增强电网的稳定性和可靠性。

2. 能量模型

如前面所述，当电储能参与电网系统运行时，根据调控指令将电能转换为不同形式的能量存储，并在需求时段将其转换为电能释放。本小节以电池储能为例构建电储能的能量外特性模型，其输入和输出皆为电能。不同类型的储能装置对 SOE 的定义有所不同。当储能类型为电池储能时，SOE 表示电池剩余电量与电池总容量的比值，称为荷电状态(state of charge，SOC)。类似地，超级电容器的 SOC 表示其当前存储的电量与最大存储容量的比值。对于飞轮储能，SOC 表示当前储存的动能与最大储存动能的比值；而对于抽水蓄能，SOC 则表示当前蓄水量与最大库容的比值。

部分电储能系统，如电池储能，需要通过换流器与电网进行集成与能量交互。换流器不仅可以进行电能的转化与传输，还可通过吸收或发出无功功率参与电网的运行优化。综合考虑储能系统的有功功率和无功功率特性，其充放电功率的约束条件如下所示。如果忽略无功功率的影响，可以直接忽略相应的无功分量。

$$\sqrt{(P_{\text{bat},i}^{\text{dis}}(t)+P_{\text{bat},i}^{\text{ch}}(t))^2+Q_{\text{bat},i}(t)^2}\leqslant S_{\text{bat},i} \tag{4-7}$$

$$0\leqslant P_{\text{bat},i}^{\text{dis}}(t)\leqslant P_{\text{bat.max},i} \tag{4-8}$$

$$0\leqslant P_{\text{bat},i}^{\text{ch}}(t)\leqslant P_{\text{bat.max},i} \tag{4-9}$$

$$-Q_{\text{bat.max},i}\leqslant Q_{\text{bat},i}(t)\leqslant Q_{\text{bat.max},i} \tag{4-10}$$

式中，$P_{\text{bat},i}^{\text{dis}}(t)$ 和 $P_{\text{bat},i}^{\text{ch}}(t)$ 分别为第 i 个电储能在 t 时刻的放电和充电功率值；$Q_{\text{bat},i}(t)$ 为第 i 个电储能在 t 时刻的无功出力功率值；$S_{\text{bat},i}$、$P_{\text{bat.max},i}$ 和 $Q_{\text{bat.max},i}$ 分别为储能装置换流器的接入容量、有功功率上限和无功功率上限。

另外，电池储能由于通过换流器接入电网，故需计入换流器的能量损耗对储能 SOC 的影响，其 SOC 约束如式(4-11)～式(4-14)所示。

$$\text{SOC}_i(t)=\text{SOC}_i(t-1)\cdot(1-\delta)+\frac{P_{\text{bat},i}^{\text{ch}}(t)\Delta t\eta_{\text{C}}\eta_{\text{PCS}}}{E_{\text{rate},i}} \tag{4-11}$$

$$\text{SOC}_i(t)=\text{SOC}_i(t-1)\cdot(1-\delta)-\frac{P_{\text{bat},i}^{\text{dis}}(t)\Delta t}{\eta_{\text{D}}\eta_{\text{PCS}}E_{\text{rate},i}} \tag{4-12}$$

$$\text{SOC}_{\min,i}\leqslant\text{SOC}_i(t)\leqslant\text{SOC}_{\max,i} \tag{4-13}$$

$$\text{SOC}_i(0)=\text{SOC}_i(T) \tag{4-14}$$

式中，η_{C} 和 η_{D} 分别为储能电池的充电和放电效率；η_{PCS} 为储能换流器的充放电效率；$E_{\text{rate},i}$ 为第 i 个电池储能的额定容量。

4.3.3 热储能

1. 概述

热储能为适用于热力系统应用的储能系统，是一种通过蓄积热能在需要时释放，以实现能量管理和利用的技术。热储能可以帮助平衡供需差异、提高能源利用效率、减少碳排放。它在许多领域已有广泛应用，包括建筑供暖与制冷、电力系统平衡、工业过程中的余热利用等。热储能技术按照工作原理可分为显热储热、潜热储热和热化学储热。

显热储热利用介质的比热容[1]，通过温度的升降过程来存储和释放热能，其原理简单，易于控制，没有化学反应和相态变化。显热储热介质来源广泛，成本低廉，便于规模化应用，是最早开始研究并应用最广泛的储热技术。尽管如此，显热储热也存在储能密度低、体积庞大、长时间储存热损失大以及输出温度波动等不足。显热储热系统的蓄热量与介质的比热容、密度、温度变化范围和容积成正比。在系统设计和工程应用中，还需综合考虑储热介质的输运特性、热稳定性、材料相容性及传热性能等因素。虽然气体最易输送，但其低密度、低比热容和受限的导热系数限制了其在热储能领域的推广。因此，显热储热介质通常在液态和固态材料中选择。常用的液态储热介质包括水、导热油、熔盐和液态金属等。相较于固态储热介质，液态储热介质质量和比热容更大，传热性能更好，但成本较高，并且难以实现高温热量的长期稳定储存。水作为储热介质的温度一般不超过 100℃，安全稳定，广泛应用于太阳能热水系统和空间供暖，太阳能热水系统结构如图 4-6 所示。

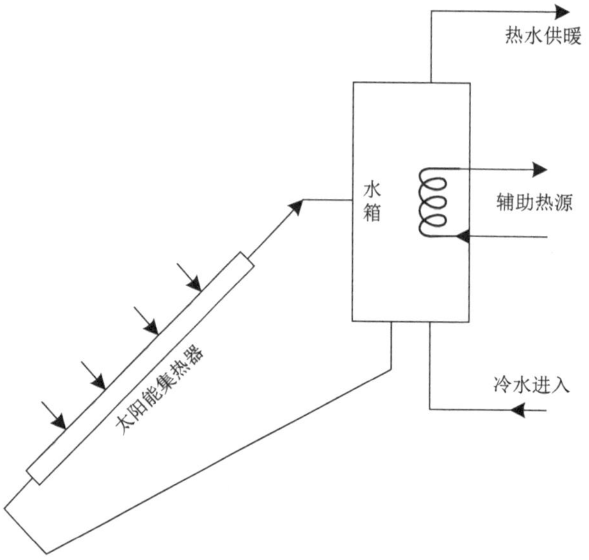

图 4-6 太阳能热水系统结构示意图

与显热储能不同，潜热储能利用的是储热介质在储存和释放热能时发生的相变过程。潜热储能具有储能密度高、储热/放热过程温度近乎恒定等优点，根据相态可分为固-固、

1) 比热容是物质升高或下降单位温度所吸收或放出的热量。

液-气、固-液相变三类。固-固相变材料存在相变潜热小和塑晶现象[1)]严重的缺点；液-气相变材料在恒压和恒容系统中分别存在体积和压力波动剧烈的问题；固-液相变材料则具有相变潜热大、运行过程稳定的优势，是目前主要应用和研究的介质。冰蓄冷是一种典型的潜热蓄冷技术，其通过水或冰在冰点 0℃下发生相变，吸收或释放潜热。与显热蓄冷的水蓄冷技术相比，冰蓄冷具有更高的储能密度和更好的等温特性，因此在实际工程中应用广泛，且发展迅速。根据制冷方式，冰蓄冷系统可分为静态冰蓄冷系统和动态冰蓄冷系统。静态冰蓄冷系统包括冰盘管式(外融冰)、完全冻结式(内融冰)和密封件式等三种形式；而动态冰蓄冷系统则主要包括制冰滑落式和冰晶式两种类型。以完全冻结式冰蓄冷系统说明其工作流程，如图 4-7 所示。在该系统中，PVC(聚氯乙烯)塑胶管被置于蓄冰槽内，PVC 塑胶管内通常使用乙二醇水溶液作为载冷剂，循环于制冷机的蒸发器与蓄冰槽的 PVC 塑胶管之间。蓄冷时，制冷机组产生的低温乙二醇水溶液流入 PVC 塑胶管并循环，使管外的水结冰；释冷时，来自空调负荷端的较高温度乙二醇水溶液通过 PVC 塑胶管循环，逐渐融化管外的冰层。在融冰过程中，靠近管壁的冰层首先开始融化，这种方式称为内融冰。完全冻结式系统具有体积比较小、结构简单、效率较高等优点，应用非常普遍。

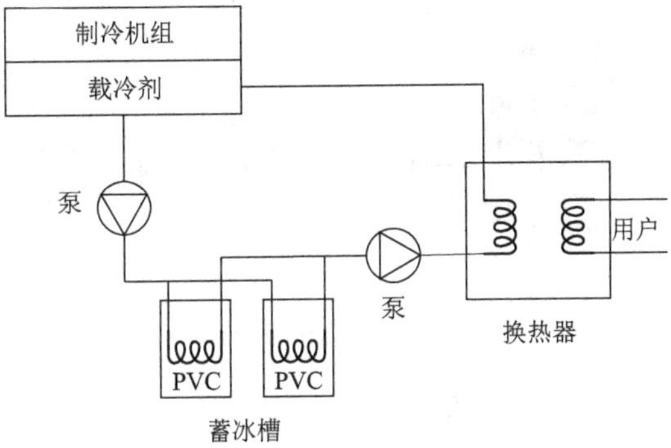

图 4-7　完全冻结式冰蓄冷系统示意图

热化学储热的单位体积储能密度可达 GJ/m^3 量级，是显热储热材料的 8～10 倍，潜热储热材料的 2 倍以上。通过分别存放反应物，可以实现热能在室温下无损储存，因此被认为是最具前景的大规模长期储热技术。根据反应过程中键断裂类型的不同，热化学储热可以分为热化学吸附储热和热化学反应储热两种类型。

热化学吸附储热适用于低温场景，通过固态吸附剂对气态吸附质分子的吸附和解吸来完成能量的存储和释放。这一过程实质上是通过范德瓦耳斯力、静电力、氢键等分子间作用力的断裂和聚合来实现的。主要的吸附体系包括以水蒸气分子为吸附质的水合盐体系和以氨分子为吸附质的氨络合物体系。热化学储能过程通常分为三个步骤：充热过程、储存过程和热释放过程。图 4-8 展示了热化学吸附储热的能量存储和释放过程。在充热阶段，反应物吸收外界热量，吸附质与被吸附物分离，形成离解物，其可以单独在室温下储存。而在放热阶段，吸附质和被吸附物重新结合成原始反应物，释放大量热量，供能利用。

1) 塑晶现象是指某些分子在固态下表现出类似液体的分子取向无序性，同时保留晶体的长程有序结构的一种特殊状态。

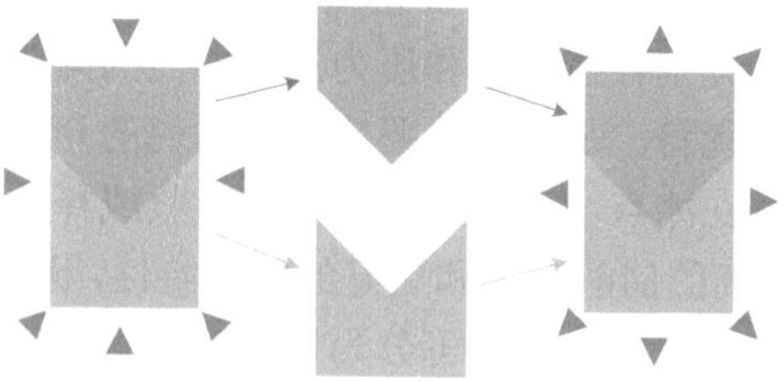

图 4-8　热化学吸附储热的运行过程

热化学反应储热利用可逆化学反应将热能转化为化学能，并存储于反应介质中。在使用时，通过逆向热化学反应或者燃烧形式释放存储的化学能，将化学能以反应热的形式进行能量应用。热化学反应储热的能量存储和释放过程如图 4-9 所示。反应物 A 在吸收外界热能的过程中发生反应，生成产物 B 和 C，吸收的热能以化学能的形式存储在产物中。产物 B 和 C 可以分开存储，实现长期热能存储。在需要热能时，产物 B 和 C 重新接触，发生逆反应重新生成 A，从而实现热能再利用。热化学反应储热具有反应焓[1)]高、储能密度高、工作温度高等优点，但在成本、材料腐蚀性和气体储存等方面仍存在挑战。

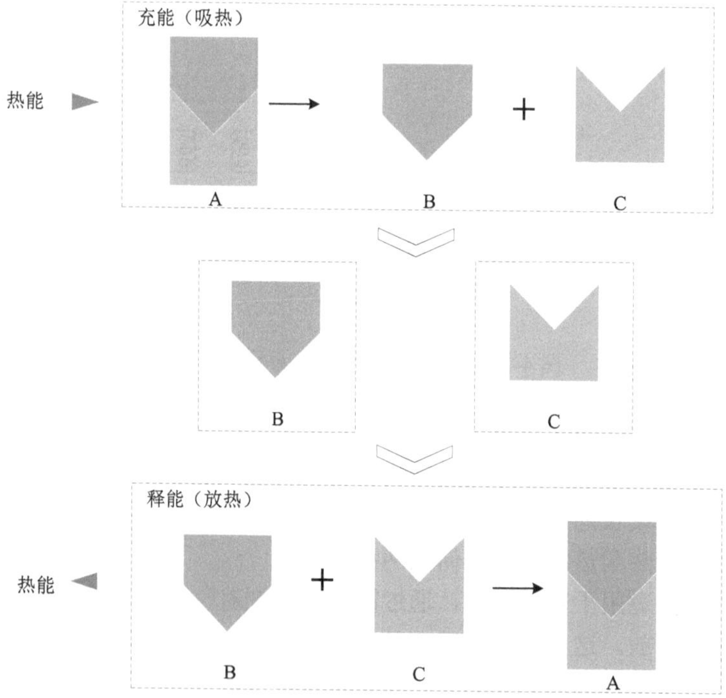

图 4-9　热化学反应储热的运行过程

2. 能量模型

本节以蓄水罐储热为例介绍热储能运行过程并构建相应外特性模型。蓄水罐储热过程

1) 反应焓是在标准状态的温度和压力下,化学反应过程中吸收或释放的热量。

利用蓄水罐中的水作为热介质，吸收并存储热能，供后续使用。热源(如太阳能集热器或工业余热设备)加热水并将其输送到保温良好的蓄水罐中，热水在罐内存储以备后用。当需要热能时，热水从蓄水罐输送到用热端(如供暖系统或工业设备)，冷水则被补充回蓄水罐，准备下一轮加热。这一过程通过循环使用，确保系统能够持续提供热能。蓄水罐的储热能力受其容积、保温性能及水的比热容影响，设计时需考虑热源供应与热量需求的时间匹配，以确保高峰期有足够热量可用。当储能类型为热储能时，SOE 表示储能剩余热能与储能总容量的比值，本节以 SOT 表示。热储能的充放热约束如下所示：

$$0 \leqslant P_{\mathrm{T},i}^{\mathrm{dis}}(t) \leqslant P_{\mathrm{T.max},i} \tag{4-15}$$

$$0 \leqslant P_{\mathrm{T},i}^{\mathrm{ch}}(t) \leqslant P_{\mathrm{T.max},i} \tag{4-16}$$

$$\mathrm{SOT}_{\mathrm{min},i} \leqslant \mathrm{SOT}_i(t) \leqslant \mathrm{SOT}_{\mathrm{max},i} \tag{4-17}$$

式中，$P_{\mathrm{T},i}^{\mathrm{dis}}(t)$ 和 $P_{\mathrm{T},i}^{\mathrm{ch}}(t)$ 分别为第 i 个热储能装置在 t 时刻的放热和充热功率值；$P_{\mathrm{T.max},i}$ 为储能充放热功率上限；$\mathrm{SOT}_i(t)$ 为第 i 个热储能装置在 t 时刻的热量状态；$\mathrm{SOT}_{\mathrm{max},i}$ 和 $\mathrm{SOT}_{\mathrm{min},i}$ 分别为第 i 个热储能装置 SOT 的上、下限。此外，SOT 相关约束如式(4-18)～式(4-20)所示：

$$\mathrm{SOT}_i(t) = \mathrm{SOT}_i(t-1)\cdot(1-\delta) + \frac{P_{\mathrm{T},i}^{\mathrm{ch}}(t)\Delta t\eta_{\mathrm{C}}}{E_{\mathrm{rate},i}} \tag{4-18}$$

$$\mathrm{SOT}_i(t) = \mathrm{SOT}_i(t-1)\cdot(1-\delta) - \frac{P_{\mathrm{T},i}^{\mathrm{dis}}(t)\Delta t}{\eta_{\mathrm{D}}E_{\mathrm{rate},i}} \tag{4-19}$$

$$\mathrm{SOT}_i(0) = \mathrm{SOT}_i(T) \tag{4-20}$$

式中，δ 为热能耗散率；η_{C} 和 η_{D} 分别为热储能系统的充热和放热效率；$E_{\mathrm{rate},i}$ 为第 i 个热储能的额定容量；SOT_i (0) 和 $\mathrm{SOT}_i(T)$ 别为第 i 个热储能装置在运行优化周期的初始时刻和最终时刻的 SOT。

4.3.4　氢储能

1. 概述

氢能具有燃烧热值高、可存储、可转化形式多样的优点。因此，氢储能系统不仅可以参与电网运行，还可以替代燃油等化石资源和化工原料。氢气作为一种储能介质，能量密度是燃油的 3 倍左右。与传统的电池储能技术相比，氢储能可以实现更大规模的能量储存。氢储能不受容量衰减等限制，具有良好的稳定性，可实现较长时间的储存。同时，氢气还可以通过管道、船舶等方式进行长距离运输，实现更远距离的能量转移。

目前，储氢的主要方式包括物理储氢、化学储氢与其他储氢。物理储氢技术是指单纯地通过改变储氢条件提高氢气密度，以实现储氢的技术。该技术为纯物理过程，不需要储氢介质，成本较低，氢气浓度较高，主要分为高压气态储氢与低温液化储氢。高压气态储氢技术是指在高压下，将氢气压缩，以高密度气态形式储存。其成本较低、能耗低、易脱氢、工作条件较宽；但通常储量小、耗能高，需要耐压容器，存在氢气泄露与容器爆破等不安全因素。低温液态储氢技术是利用氢气在高压、低温条件下液化进行储存，可高效储氢，其输送效率高于气态氢，但需要配套严格的绝热方案与冷却设备。

氢储能基本工作原理如图 4-10 所示。该系统利用电解槽、储气罐和燃料电池三种关键技术来实现能量的储存与转换。氢储能系统利用电能驱动电解槽将水分解为氢气和氧气，产生的氢气经压缩后以高压形式存储于储气罐中；当需要供电时，储存的氢气在燃料电池中与氧气发生电化学反应，将化学能直接转化为电能并释放热能，从而完成“电能-氢能-电能”的清洁能源循环。这种相互协作的机制不仅提升了综合能源系统的稳定性，还增强了其经济效益，为可再生能源的高效利用和能源系统的整体优化提供了强有力的支持。

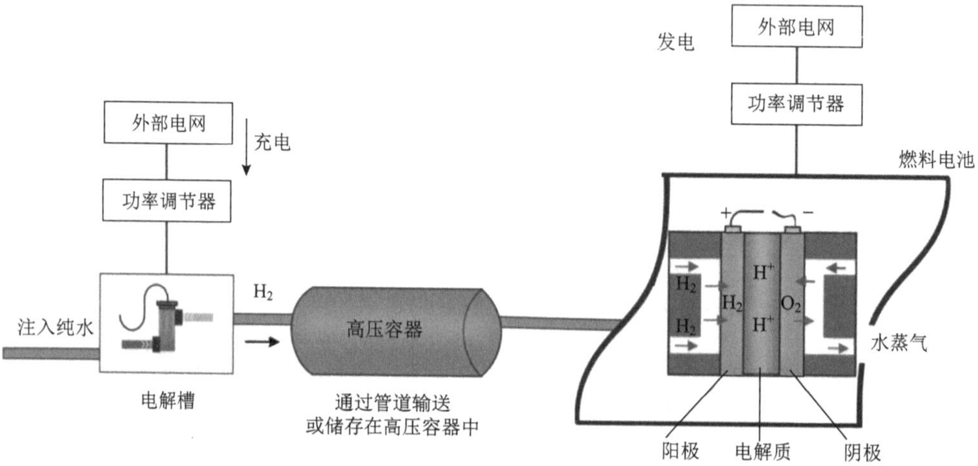

图 4-10　氢储能原理图

化学储氢技术是利用储氢介质在一定条件下能与氢气反应生成稳定化合物，再通过改变条件实现放氢的技术，主要包括有机液体储氢、液氨储氢、甲醇储氢、配位氢化物储氢、无机物储氢。有机液体储氢技术基于不饱和液体有机物在催化剂作用下进行加氢反应，生成稳定化合物，当需要氢气时再进行脱氢反应。与常见的高压气态储氢、低温液态储氢相比，有机液体储氢具有反应过程可逆，储氢密度高，氢载体储运安全方便，适合长距离运输等优点；可利用现有汽油输送管道、加油站等基础设施进行储运。相比于低温液态储氢技术所要求的极低液化温度(−253℃)，氨在一个大气压下的液化温度为−33℃，明显高于液氢，因此采用“氢-氨-氢”方式在能耗、实现难度和运输方面相对更具优势。同时，液氨储氢的体积储氢密度比液氢高 1.7 倍，远高于长管拖车式气态储氢技术，该技术在长距离氢能储运中有一定优势。然而，液氨储氢也具有较多劣势，液氨具有较强腐蚀性与毒性，储运过程中对设备、人体、环境均有潜在危害风险；合成氨工艺在我国较为成熟，但转换过程中存在一定比例损耗；此外，合成氨与氨分解的设备与终端产业设备仍有待集成。

2. 能量模型

如前所述，电解槽、储气装备和燃料电池，是常用储能系统的三个关键环节。首先，电解槽通过电能将水分解成氢气和氧气，这一过程通常利用可再生能源提供能量。生成的氢气可以储存在储气罐中或通过管道输送至不同的设施。氢气具有的灵活储存方式，能够适应不同的使用场景和需求。当需要发电时，氢气被送入燃料电池，在与氧气发生反应后，产生电能和水蒸气。燃料电池具有高效环保的特点，反应过程中唯一的副产品是水蒸气，确保了清洁能源的利用。这种技术不仅有效地将氢气中的化学能转化为电能，而且在能量存储和再生中扮演着核心角色。燃料电池的总反应式为

$$2H_2+O_2 \longrightarrow 2H_2O+\text{能量}$$

当储能类型为氢储能，且其储氢方式为储气罐时，SOE 表示储能剩余气体与储能额定储气容量的比值，本节以 SOG 表示。由于电解槽及燃料电池不涉及存储环节，且液氨储氢和甲醇储氢也可用作其他化工用途，故本节针对储气罐单元建立氢储能的能量模型，包括气体流量约束及容量约束，如下所示：

$$P_{G.\min,i} \leqslant P_{G,i}^{dis}(t) \leqslant P_{G.\max,i} \tag{4-21}$$

$$P_{G.\min,i} \leqslant P_{G,i}^{ch}(t) \leqslant P_{G.\max,i} \tag{4-22}$$

$$SOG_{\min,i} \leqslant SOG_i(t) \leqslant SOG_{\max,i} \tag{4-23}$$

式中，$P_{G,i}^{dis}(t)$ 和 $P_{G,i}^{ch}(t)$ 分别为第 i 个氢储能装置在 t 时刻的供气和储气流量；$P_{G.\max,i}$ 和 $P_{G.\min,i}$ 为储能气体流量最大值和最小值；$SOG_i(t)$ 为第 i 个氢储能装置在 t 时刻的储气状态；$SOG_{\max,i}$ 和 $SOG_{\min,i}$ 分别为第 i 个氢储能装置 SOG 的上、下限。此外，SOG 相关约束如式(4-24)和式(4-25)所示：

$$SOG_i(t) = SOG_i(t-1) + \frac{P_{G,i}^{ch}(t)\Delta t \eta_C}{E_{rate,i}} \tag{4-24}$$

$$SOG_i(t) = SOG_i(t-1) - \frac{P_{G,i}^{dis}(t)\Delta t}{\eta_D E_{rate,i}} \tag{4-25}$$

式中，η_C 和 η_D 分别为氢储能系统的储气和供气效率；$E_{rate,i}$ 为第 i 个氢储能装置的额定储气容量。

4.4 虚拟储能

虚拟储能的概念

综合能源系统在接入大量分布式新能源的同时，还面临着服务大量电动汽车充电设施、公共建筑等新形态负荷的挑战。充分利用好负荷侧资源的可调节特性，将有助于分布式新能源的高质量消纳。可调节负荷是指在不影响正常生产、生活用能前提下，其用能时间、用能功率或用能量可按照综合能源系统的运行需求加以改变的负荷。考虑到电力系统是新能源大规模消纳的主体，且在未来电能占终端用户用能的比例不断提高，因此虚拟储能更多服务于综合能源系统的电力子系统，相应的可调负荷多为可调涉电多能负荷，如热泵、电加热器、电动汽车、工业负荷等。因此，下面重点讨论服务于电力系统的虚拟储能技术。

通过将可调节负荷用电行为的调整等效为虚拟储能充放电行为，并定义虚拟储能的充放电功率、SOC 值等指标，一方面可量化可调节负荷的调节潜力和价值，另一方面可实现与实际储能系统在同一框架进行调控，从而降低综合能源系统调控难度。本节以电动汽车、

暖通负荷、电解铝负荷等几类典型的可调节负荷为例，介绍虚拟储能的概念及对应的建模方法。

4.4.1 电动汽车虚拟储能

1. 概述

电动汽车作为新型电力系统的重要组成部分，可通过将其并入电网，采用电动汽车入网(vehicle to grid, V2G)技术，在作为负荷消耗电能的同时可作为电源为电网供能，从而体现其虚拟储能的调控能力和价值。

2. 能量模型

电动汽车以集群形式参与能源系统的需求响应，其控制模式一般有两种，即 V1G 与 V2G 模式：①V1G 模式一般指电动汽车的智能充电控制模式，在此控制模式下的电动汽车在接入电网后具有充电和闲置两种状态。在闲置状态下，电动汽车的耗电功率虽然为零，但仍与电力系统连接，因此可充当虚拟储能参与系统调控。当系统频率升高时，处于闲置状态的可控电动汽车切换至充电状态以增加用电量；当系统频率降低时，处于充电状态的可控电动汽车切换至闲置状态以平衡有功波动实现频率控制。②V2G 模式特指电动汽车除具备 V1G 模式之外，还具备向电网反送电能力，因此接入电网的电动汽车具有三种工作状态，即充电、闲置和放电。充电和闲置状态与 V1G 模式完全一致，放电状态指电动汽车通过电力电子技术向电网反向供电。因此当电动汽车工作于 V2G 模式下时，在电网频率升高时，处于闲置状态或放电状态的汽车可切换状态以增大自身用电功率；在电网频率降低时，处于充电或闲置状态的汽车可降低自身用电功率，乃至向电网返送电能，从而有效抑制系统的有功失衡，为系统提供频率调节服务。不难看到，处于 V2G 模式下的电动汽车控制策略更为多样。

如上所述，在 V2G 模式下，每辆与电力系统连接的电动汽车有三种工作状态：放电、充电以及闲置状态。

$$P_{\mathrm{EV}}=\begin{cases}\mathrm{DCP}_{\mathrm{EV}}, & \text{放电状态}\\ \mathrm{CP}_{\mathrm{EV}}, & \text{充电状态}\\ 0, & \text{闲置状态}\end{cases} \tag{4-26}$$

式中，P_{EV} 是电动汽车的实时功率；$\mathrm{DCP}_{\mathrm{EV}}$ 是其额定的放电功率，取值为负；$\mathrm{CP}_{\mathrm{EV}}$ 是其额定的充电功率，取值为正；当汽车处于闲置状态时，仍假设它通过充电桩与电力系统连接。

对于接入充电的电动汽车车辆，其 SOC 随时间变化如下：

$$\mathrm{SOC}(t+\mathrm{d}t)=\begin{cases}\mathrm{SOC}(t)+P_{\mathrm{EV}}\cdot\eta_{\mathrm{C}}\cdot\mathrm{d}t/Q_{\mathrm{EV}}, & \text{充电状态}\\ \mathrm{SOC}(t)+P_{\mathrm{EV}}/\eta_{\mathrm{D}}\cdot\mathrm{d}t/Q_{\mathrm{EV}}, & \text{放电状态}\\ \mathrm{SOC}(t), & \text{闲置状态}\end{cases} \tag{4-27}$$

式中，$\mathrm{d}t$ 是时间间隔；η_{C}、η_{D} 是电动汽车的充电和放电效率；Q_{EV} 为其电池容量。当电动汽车接入电力系统且不处于闲置状态时，其 SOC 会随时间动态变化。

【例题 4-1】 光储充一体化电站作为光伏、储能和充电站结合建设的产物，适用于大型集中式快充站、工商业园区、商用住宅等场所。其通过光伏发电和储能的优化配置，减少用电成本，不仅实现分布式光伏的就地消纳，也能有效减少电动汽车充电站的负荷峰谷差，提高系统运行效率，提升充电服务企业的社会价值和发展驱动力，以其占地小、投资相对较少、收益来源多等优点，成为一种有效的综合能源服务模式。

以我国某园区综合能源服务项目为例，其利用园区现有车辆停车棚开展光储充一体化充电站综合能源服务项目建设。结合园区的实际情况，具体设计方案包括：

(1) 光伏发电系统。利用现有停车棚屋顶开展光伏系统建设，包括 300kW 装机容量的屋顶光伏面板，通过 6 台 50kW 组串式光伏逆变器将光伏面板产生的直流电转换成交流电，并入光储充一体化充电站的 400V 低压母线，实现分布式清洁能源的高效利用。

(2) 充电桩等服务设施。建设了 30 个最大充电功率为 7kW 的交流慢速充电桩，可以为目的地充电的电动汽车提供充电服务。

(3) 综合能源管理系统。搭建光储充综合能量管理系统，通过先进的监控手段和分析技术，建立含分布式发电及电动汽车智能充放电管理的光储充综合能量管理系统。

假设某一天在上述光储充一体化电站中，最大限度地使用光伏发电系统为电动汽车充电，光伏发电系统供电不足时才从电网取电，计算电动汽车充电费用。另外，假设该充电站未配置光伏发电系统，电动汽车充电只从电网取电，计算电动汽车的充电费用，并与含光伏发电系统的充电站进行节能对比。

已知数据：

(1) 电动汽车的充电功率为 7kW；

(2) 购电电价为 0.4K/(kW·h)，K 为一虚拟货币单位；

(3) 某一天该电动汽车场站的电动汽车逐时接入数量如表 4-2 所示。

表 4-2　电动汽车逐时接入数量

时间/h	1	2	3	4	5	6	7	8	9	10	11	12	13	14	15	16	17	18	19	20	21	22	23	24
接入数量	0	0	0	0	3	5	7	9	11	14	19	22	25	27	29	30	30	30	26	22	17	10	7	0

(4) 某一天该电动汽车场站的光伏发电系统的输出功率如表 4-3 所示。

表 4-3　光伏发电输出功率

时间/h	1	2	3	4	5	6	7	8	9	10	11	12	13	14	15	16	17	18	19	20	21	22	23	24
输出功率/kW	0	0	0	0	0	50	100	200	230	280	290	300	290	280	230	200	100	50	0	0	0	0	0	0

解　计算步骤如下。

(1) 计算某一天的电动汽车充电负荷。

每一时刻的电动汽车充电总负荷=电动汽车接入数量×电动汽车充电负荷，计算结果如表 4-4 所示。

表 4-4　每一时刻电动汽车充电总负荷

时间/h	1	2	3	4	5	6	7	8	9	10	11	12	13	14	15	16	17	18	19	20	21	22	23	24
充电负荷/kW	0	0	0	0	21	35	49	63	77	98	133	154	175	189	203	210	210	210	182	154	119	70	49	0

(2)计算满足充电负荷需要从电网取电的功率。

考虑最大限度地使用光伏发电系统为电动汽车充电时，需要从电网取电的功率=每一时刻的电动汽车充电总负荷−每一时刻的光伏发电系统的输出功率。其中，正值表示需要从电网取电；零值或者负值表示光伏发电可满足充电负荷，从电网取电负荷为 0。计算结果如表 4-5 所示。

表 4-5　每一时刻从电网取电的功率

时间/h	1	2	3	4	5	6	7	8	9	10	11	12	13	14	15	16	17	18	19	20	21	22	23	24
从电网取电功率/kW	0	0	0	0	21	0	0	0	0	0	0	0	0	0	0	10	110	160	182	154	119	70	49	0

将表 4-5 第二行的功率求和，可得到全天从电网取电量为 875kW·h。

(3)计算电动汽车充电费用。

电动汽车某一天充电总费用 = 购电电价×全天从电网取电量

$$= 0.4\text{K}/(\text{kW}\cdot\text{h})\times 875(\text{kW}\cdot\text{h}) = 350\text{K}$$

(4)计算未配置光伏发电系统的充电场站的充电费用。

采用相同的计算方法，可以计算得到未配置光伏发电系统的充电场站的充电费用为 960.4K。

(5)计算使用光伏发电系统节约的充电费用。

$$960.4\text{K}-350\text{K}=610.4\text{K}$$

【例题 4-2】 进一步，考虑到单个电动汽车虚拟储能能力，当电动汽车驶入电动汽车充电场站时，根据电动汽车充电场站的充电桩通信协议，可以获取电动汽车的电池相关信息。同时，进一步基于电动汽车用户提交的自身对于充电的需求信息，刻画电动汽车的充电能量边界，从而量化电动汽车的虚拟储能能力。

从充电桩通信协议可知：电动汽车到达时间 T_{arrive}、到达时电池电量 $\text{SOC}_{\text{arrive}}$、电池最大充电电量 $\text{SOC}_{\max}$、最大充电功率 P_{charge}、最大放电功率 $P_{\text{discharge}}$。

从电动汽车用户提交的信息可知：电动汽车离开时间 T_{leave}、期望电池电量 $\text{SOC}_{\text{expect}}$、电池最小充电电量 $\text{SOC}_{\min}$。

假设电动汽车用户均允许电动汽车以 V2G 模式与电网进行互动，即允许电动汽车反向放电。

请根据以上信息，用折线图画出电动汽车的充电能量边界。

解 根据电动汽车及用户的相应信息，按如下步骤实现。

(1)充电能量上边界。

①以(T_{arrive}, SOC_{arrive})作为起始点，最大充电功率 P_{charge} 作为直线斜率，SOC_{max} 作为直线上边界，可画出直线①，如图 4-11 所示。

②以 SOC_{max} 作为横线边界，画出直线②，如图 4-11 所示。

其物理含义为：使用最大充电功率充电，直到电池达到其最大容量后，则保持最大充电电量不变作为充电能量上边界。

(2) 充电能量下边界。

①以(T_{arrive}, SOC_{arrive})作为起始点，最大放电功率 $P_{discharge}$ 作为直线斜率，SOC_{min} 作为直线下边界，画出虚线①，如图 4-11 所示。

②以(T_{leave}, SOC_{expect})作为起始点，最大充电功率 P_{charge} 作为斜率，SOC_{min} 作为下边界，从起始点向左下方延伸，画出虚线②，如图 4-11 所示。

③以 SOC_{min} 作为横线边界，画出虚线③，如图 4-11 所示。

其物理含义为：首先使用最大放电功率放电，直到电池达到其最小容量后，则保持最小充电电量不变；随后使用最大充电功率进行充电，直至电动汽车在离开时达到期望电池电量。

根据以上步骤即可画出电动汽车虚拟储能的边界，如图 4-11 所示。

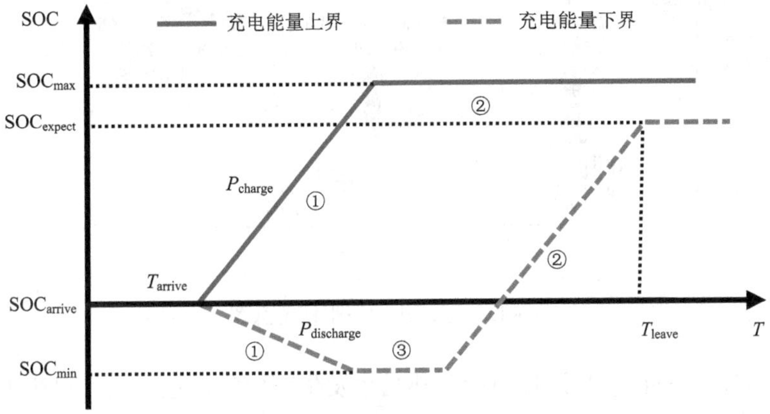

图 4-11 电动汽车虚拟储能运行边界示意图

4.4.2 暖通负荷虚拟储能

1. 概述

建筑基于其围护结构的热惯性，温控负荷功率变化与室内温度变化存在一定的时延，温度不会随温控负荷功率变化而快速改变，进而可在短时间内改变温控负荷功率而不影响室内人体的温度舒适度。因此，建筑用能具有一定的虚拟储能特性，可在用户室内温度舒适度范围内对其制冷或制热功率进行调整，从而体现其储能的调节特性和价值。考虑到在热力系统中，冷热实际为一种能源形式，为便于描述，本节后续将以建筑存在热需求，温控设备通过电加热方式为其供能这个场景参与讨论，对应于冬季供热情况；对于夏季建筑存在制冷需求场景的讨论，读者可自行推导或查阅相关资料。

2. 能量模型

建筑的墙体、地板、天花板等围护结构，可隔断室内与室外的直接热交换，进而可维持室内温度稳定。建筑的蓄热能力对温控负荷功率消耗、建筑的散热与蓄热均具有重要意义。当室内与室外温度发生改变时，建筑围护材料内部的温度也会发生缓慢变化，进而将伴随着吸收或放出一定的热量。此外，建筑围护结构与室内外传递热量的过程存在时间延迟，进而影响室内空气温度的变化。建筑围护结构可视为室内热源与室外空气进行热能交换的单元，其交换过程中的热平衡示意图如图 4-12 所示。

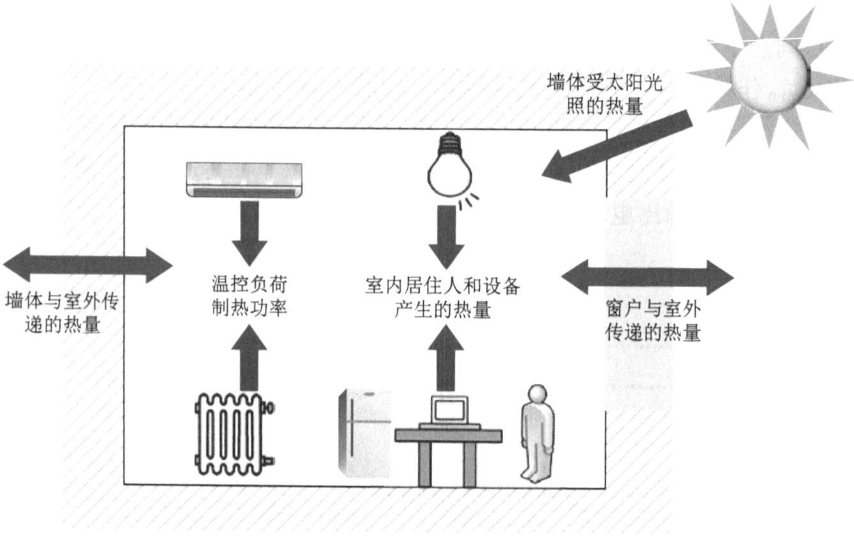

图 4-12　建筑热动态平衡示意图

由于建筑的蓄热特性，当温控负荷制热功率发生变化时，室内空气温度不会立刻发生变化。基于该特性，可在室内空气温度处于温度舒适度范围内的情况下，对温控负荷制热功率进行一定的调整。因此，建筑可在电价较低时段增加制热量，将多余的热量存储在建筑内部；此时从建筑角度看，由于增加了用电量，相当于虚拟储能充电。反之，在电价较高时段，建筑可通过减少温控负荷的制热量，并利用之前存储的热量；在这种情况下，用电量减少，相当于虚拟储能放电。因此，基于建筑对室内温度是否参与优化调度对应的制热需求差，可对虚拟储能充放电功率进行定义。

当温控负荷不调节时，其制热功率定义为基准制热功率 Q^{Baseline}。该基准制热功率所对应的基准耗电功率 P^{Baseline} 与温控负荷的电热转换效率 η 有关，如式(4-28)所示：

$$P^{\text{Baseline}} = Q^{\text{Baseline}} / \eta \tag{4-28}$$

在此基础上，当建筑温控负荷参与优化调度时，虚拟储能充放电功率如式(4-29)所示：

$$P_{i,t}^{\text{VESS}} = \begin{cases} P_{i,t}^{\text{Heatload}} - P_{i,t}^{\text{Baseline}} > 0, & \text{虚拟储能充电} \\ P_{i,t}^{\text{Heatload}} - P_{i,t}^{\text{Baseline}} < 0, & \text{虚拟储能放电} \end{cases} \tag{4-29}$$

式中，$P_{i,t}^{\text{VESS}}$ 为 t 时段建筑 i 的虚拟储能充放电功率；$P_{i,t}^{\text{Heatload}}$ 为 t 时段建筑 i 温控负荷参与优化调度后的耗电功率。当温控负荷耗电功率大于基准耗电功率时，虚拟储能处于充电状态；反之，虚拟储能处于放电状态。

虚拟储能容量由建筑热耗散功率以及基准耗电功率决定：假设虚拟储能与室外温度在 t 时段内保持恒定，当温控负荷关闭后，室内温度从舒适度范围的最大值 $T^{\text{in,max}}$ 降低至最小值 $T^{\text{in,min}}$，对应的自放电耗电量将被定义为虚拟储能容量：

$$W_{i,t}^{\text{VESS}} = \int_{t}^{t+\Delta\tau^{W}} P_{i,t}^{\text{Baseline}} \text{d}t \tag{4-30}$$

$$\Delta\tau^{W} = \frac{\ln\left(T^{\text{in,min}} - T_t^{\text{out}}\right) - \ln\left(T^{\text{in,max}} - T_t^{\text{out}}\right)}{-\sum\limits_{j\in J} U^{\text{wall}} F_j^{\text{wall}} / C^{\text{Air}} - \sum\limits_{j\in J} U^{\text{win}} F_j^{\text{win}} / C^{\text{Air}}} \tag{4-31}$$

式中，$\Delta\tau^{W}$ 是当温控负荷关闭后，室内温度从舒适度范围的最大值 $T^{\text{in,max}}$ 降低至最小值 $T^{\text{in,min}}$ 对应的时间；U^{wall} 为外墙的传热系数；F_j^{wall} 为外墙的面积；U^{win} 为窗户的传热系数；F_j^{win} 为外窗面积；C^{Air} 为空气热容。

虚拟储能的荷电状态(SOC)可由 t 时段的虚拟电量与容量的比值确定，取值范围为 0～1：

$$\text{SOC}_{i,t}^{\text{VESS}} = \frac{E_{i,t}^{\text{VESS}}}{W_{i,t}^{\text{VESS}}} \tag{4-32}$$

式中，$E_{i,t}^{\text{VESS}}$ 为 t 时段建筑 i 的虚拟储能虚拟电量。

虚拟储能虚拟电量的计算方式与容量类似：假设虚拟储能虚拟电量和室外温度在 t 时段内保持恒定，当温控负荷关闭后，室内温度从实际室温 T_t^{in} 降低至舒适度范围最小值 $T^{\text{in,min}}$，所对应的虚拟储能自放电量为虚拟储能虚拟电量，如式(4-33)所示：

$$E_{i,t}^{\text{VESS}} = \int_{t}^{t+\Delta\tau^{E}} P_{i,t}^{\text{Baseline}} \text{d}t \tag{4-33}$$

$$\Delta\tau^{E} = \frac{\ln\left(T^{\text{in,min}} - T_t^{\text{out}}\right) - \ln\left(T_t^{\text{in}} - T_t^{\text{out}}\right)}{-\sum\limits_{j\in J} U^{\text{wall}} F_j^{\text{wall}} / C^{\text{Air}} - \sum\limits_{j\in J} U^{\text{win}} F_j^{\text{win}} / C^{\text{Air}}} \tag{4-34}$$

式中，$\Delta\tau^{E}$ 为当温控负荷关闭后，室内温度从实际室温 T_t^{in} 减少到舒适度范围最小值 $T^{\text{in,min}}$ 对应的时间。

假设面向虚拟储能的温控负荷均由电力驱动，因此虚拟储能的充放能过程即为充放电过程，如图 4-13 所示。由于建筑围护结构存在蓄热能力，热量在室内外传输过程中存在时间延迟，进而影响室内温度变化。为此，将建筑围护结构等效为室外与室内进行热量传输的单元，并构建热平衡方程，进而可得到温控负荷功率与室内外温度的数学关系。随后，计算室内温度变化下的温控负荷功率以及温控负荷不参与优化调度的功率，两者的差值即为虚拟储能充放电功率。当差值大于 0 时，虚拟储能为充电状态；反之，虚拟储能为放电状态。在此基础上，可以得到虚拟储能的容量和 SOC。至此，式(4-28)～式(4-34)就共同构成了建筑虚拟储能的通用模型。

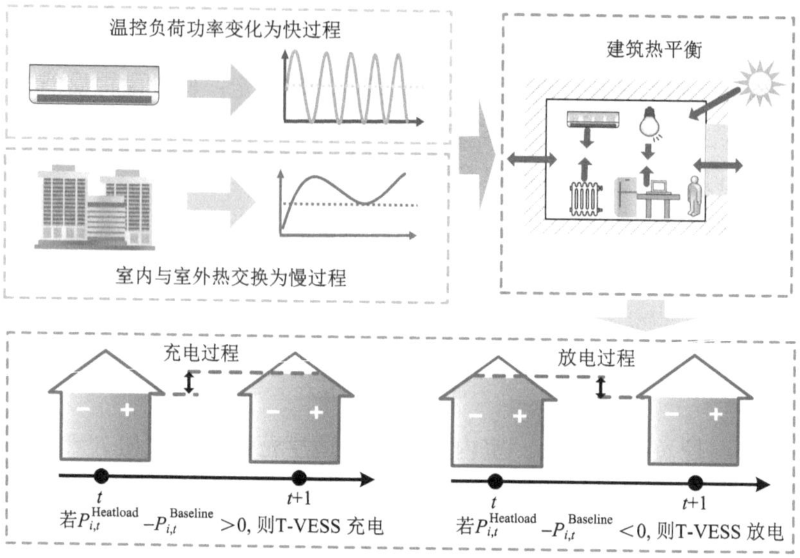

图 4-13　建筑虚拟储能充放电示意图

【例题 4-3】 假设某一建筑的室内初始温度为 20℃，其室外温度一直保持 10℃。建筑人员通过使用电采暖设备(electric heating, EH)使室内温度维持在可接受的温度区间内，为 18~22℃。为体现室内温度与能量之间的关系，做如下假设。

假设 1：该建筑的室内温度每提高 1℃，需要吸收 10kW·h 的热量。

假设 2：室内空间与外界空间之间存在能量交换，室内外能量交换功率为 P_{Loss}。P_{Loss} 可以用以下公式表示：$P_{\text{Loss}}=\Delta T\cdot\mu$，其中 $\Delta T=T_{\text{room}}-T_{\text{out}}$；$T_{\text{room}}$ 表示室内温度，为室内每小时开始温度与结束温度的平均值，T_{out} 表示室外温度；ΔT 表示室内外的温度差；$\mu=5$ kW/℃。

假设 3：假设该建筑购电电价为第一小时 1K/(kW·h)，第二小时 3K/(kW·h)，第三小时 0.5K/(kW·h)，K 为一虚拟货币单位。

假设 4：假设该电采暖设备的电热转化效率 η 为 1。

请以小时为单位建立时间离散化的能量平衡公式，计算在 3 小时内，通过改变每小时建筑电采暖设备的功率设定值，实现 3 小时使用时间内的电采暖设备电费最低。

解　设 3 小时中，建筑内电采暖设备的热功率分别为 $Q_{\text{EH,1}}$、$Q_{\text{EH,2}}$、$Q_{\text{EH,3}}$；建筑内电采暖设备的电功率分别为 $P_{\text{EH,1}}$、$P_{\text{EH,2}}$、$P_{\text{EH,3}}$；建筑与外界空间的能量交换功率为 $P_{\text{Loss,1}}$、$P_{\text{Loss,2}}$、$P_{\text{Loss,3}}$；房间的初始温度与 1h、2h、3h 结束时的温度分别为 T_0、T_1、T_2、T_3。

一小时内，相关变量的耦合关系如下：

$$\frac{1\times Q_{\text{EH}}-1\times P_{\text{Loss}}}{10}=T_{\text{end}}-T_{\text{begin}}$$

$$P_{\text{Loss}}=(T_{\text{room}}-T_{\text{out}})\times 5$$

$$T_{\text{room}} = \frac{T_{\text{begin}} + T_{\text{end}}}{2}$$

$$Q_{\text{EH}} = \eta \times P_{\text{EH}}$$

式中，Q_{EH} 表示建筑电采暖设备在此一小时的热功率消耗值；P_{EH} 表示建筑电采暖设备在此一小时的电功率消耗值；P_{Loss} 表示室内外的能量交换功率；T_{begin} 表示该建筑在此一小时开始时的室内温度；T_{end} 表示该建筑在此一小时结束时的室内温度。

由假设 1 可知：

$$\begin{cases} \dfrac{Q_{\text{EH},1} - P_{\text{Loss},1}}{10} = T_1 - T_0 \\ \dfrac{Q_{\text{EH},2} - P_{\text{Loss},2}}{10} = T_2 - T_1 \\ \dfrac{Q_{\text{EH},3} - P_{\text{Loss},3}}{10} = T_3 - T_2 \end{cases} \tag{4-35}$$

由假设 2 可知：

$$\begin{cases} P_{\text{Loss},1} = (T_{\text{room},1} - T_{\text{out}}) \times 5 \\ P_{\text{Loss},2} = (T_{\text{room},2} - T_{\text{out}}) \times 5 \\ P_{\text{Loss},3} = (T_{\text{room},3} - T_{\text{out}}) \times 5 \end{cases} \tag{4-36}$$

$$\begin{cases} T_{\text{room},1} = \dfrac{T_0 + T_1}{2} \\ T_{\text{room},2} = \dfrac{T_1 + T_2}{2} \\ T_{\text{room},3} = \dfrac{T_2 + T_3}{2} \end{cases} \tag{4-37}$$

由假设 4 可知：

$$\begin{cases} Q_{\text{EH},1} = \eta \times P_{\text{EH},1} \\ Q_{\text{EH},2} = \eta \times P_{\text{EH},2} \\ Q_{\text{EH},3} = \eta \times P_{\text{EH},3} \end{cases} \tag{4-38}$$

因此，3 小时内此建筑消费的电采暖电费为

$$M = 1 \times P_{\text{EH},1} + 3 \times P_{\text{EH},2} + 0.5 \times P_{\text{EH},3} \tag{4-39}$$

将式(4-35)通过移项可得

$$\begin{cases} Q_{\text{EH},1} = 10 \times (T_1 - T_0) + P_{\text{Loss},1} \\ Q_{\text{EH},2} = 10 \times (T_2 - T_1) + P_{\text{Loss},2} \\ Q_{\text{EH},3} = 10 \times (T_3 - T_2) + P_{\text{Loss},3} \end{cases} \tag{4-40}$$

将式(4-36)与式(4-38)代入式(4-40)可得

$$\begin{cases} P_{\mathrm{EH},1} = 10\times(T_1 - T_0) + (T_{\mathrm{room},1} - T_{\mathrm{out}})\times 5 \\ P_{\mathrm{EH},2} = 10\times(T_2 - T_1) + (T_{\mathrm{room},2} - T_{\mathrm{out}})\times 5 \\ P_{\mathrm{EH},3} = 10\times(T_3 - T_2) + (T_{\mathrm{room},3} - T_{\mathrm{out}})\times 5 \end{cases} \tag{4-41}$$

将式(4-37)代入式(4-41)可得

$$\begin{cases} P_{\mathrm{EH},1} = 10\times(T_1 - T_0) + \left(\dfrac{T_0 + T_1}{2} - T_{\mathrm{out}}\right)\times 5 \\ P_{\mathrm{EH},2} = 10\times(T_2 - T_1) + \left(\dfrac{T_1 + T_2}{2} - T_{\mathrm{out}}\right)\times 5 \\ P_{\mathrm{EH},3} = 10\times(T_3 - T_2) + \left(\dfrac{T_2 + T_3}{2} - T_{\mathrm{out}}\right)\times 5 \end{cases} \tag{4-42}$$

将式(4-42)代入式(4-39)可得

$$\begin{aligned} M = {} & 1\times\left[10\times(T_1 - T_0) + \left(\frac{T_0 + T_1}{2} - T_{\mathrm{out}}\right)\times 5\right] \\ & + 3\times\left[10\times(T_2 - T_1) + \left(\frac{T_1 + T_2}{2} - T_{\mathrm{out}}\right)\times 5\right] \\ & + 0.5\times\left[10\times(T_3 - T_2) + \left(\frac{T_2 + T_3}{2} - T_{\mathrm{out}}\right)\times 5\right] \end{aligned} \tag{4-43}$$

合并同类项后得

$$M = -7.5\times T_0 - 22.5\times T_{\mathrm{out}} - 10\times T_1 + 33.75\times T_2 + 6.25\times T_3 \tag{4-44}$$

式中，T_0 与 T_{out} 为定值。若使式(4-44)最小，则 T_1 最大、T_2 最小且 T_3 最小，因此有 $T_1 = 22$、$T_2 = 18$、$T_3 = 18$，代入式(4-44)可得电采暖设备电费为 125K。

4.4.3 电解铝虚拟储能

1. 概述

工业负荷生产过程具有一定的灵活性，可通过调整生产设备运行模式和能耗水平，使其具备参与系统需求响应的能力，以实现其经济效益和能源利用效率优化；在系统供需不平衡时，工业负荷可通过改变其能耗水平来“释放”其存储的能量或“存储”能量，该过程可看作虚拟储能。以电解铝生产为例，其电解槽的能耗为整个电解铝生产的主要能耗来源。因此，在保证电解槽内电解质温度维持在合理范围的前提下，可以对其能耗进行一定的调整，从而充分利用电解铝的虚拟储能特性。

2. 能量模型

现代电解铝工业的生产普遍采用冰晶石-氧化铝熔盐电解法，主要的设备是铝电解槽。在生产过程中，以熔盐冰晶石为溶剂，氧化铝为溶质溶解于其中，以碳素材料作为阴阳两极。通入数百千安培的直流电，在两极间产生电化学反应，阴极的产物为电解铝液，阳极的产物为二氧化碳等气体。通入直流电的目的一方面是利用其热能将冰晶石熔化成熔融状态，并保持其恒定的电解温度，另一方面是要实现电化学反应。

其工艺生产流程如图4-14所示。因此电解槽的上游为供料系统，下游为铸造环节。在调频尺度内，供料速度与铸造速度保持不变，因此电解槽功率的改变会打破原有的热平衡与物料平衡，但由于电解槽具备较大的热惯性，电解铝负荷可具备分钟到小时级的调控响应能力。

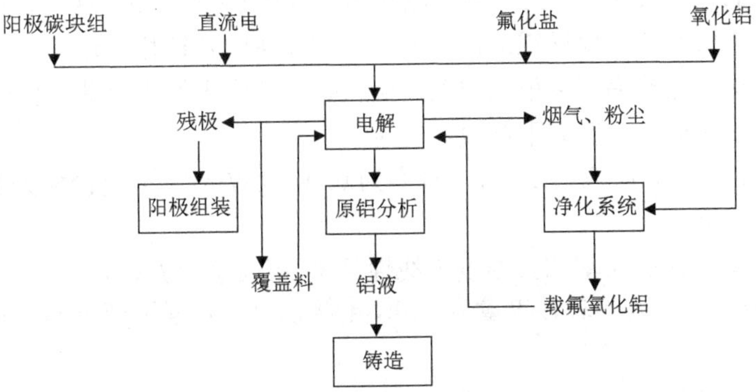

图4-14 电解铝工艺生产流程

有研究表明，电解铝的电解槽可以等效为一个电阻R和一个反电动势E，电解槽直流母线压降表达式如式(4-45)所示：

$$V_B = I_d R + E \tag{4-45}$$

式中，I_d为电解槽的直流电流；R为电解槽串联的等效电阻。其中，R和E与电解质成分、电解槽温度和电极极距有关。

由于等效电阻R以及等效反电动势E仅与电解槽电解质成分、电解槽温度以及电极极距有关，因此对于同一电解槽通常情况下可以认为保持不变，可将电解铝负荷有功功率P_{ASL}表达如下：

$$P_{ASL} = V_B I_d = \frac{V_B(V_B - E)}{R} \tag{4-46}$$

式中，P_{ASL}为电解铝负荷的有功功率。从式(4-46)可知，电解铝负荷有功功率P_{ASL}与其直流电压V_B具有强耦合关系。

当电解铝负荷不调节时，其电负荷定义为基准功率$P_{ASL}^{Baseline}$。在此基础上，当电解铝负荷调节时，其电功率超出基准功率表现为虚拟储能充电；其电功率小于基准功率表现为虚拟储能放电。电解铝虚拟储能充放电功率如式(4-47)所示：

$$P_{ASL,t}^{VESS} = \begin{cases} P_{ASL,t} - P_{ASL,t}^{Baseline} > 0, & \text{电解铝虚拟储能充电} \\ P_{ASL,t} - P_{ASL,t}^{Baseline} < 0, & \text{电解铝虚拟储能放电} \end{cases} \tag{4-47}$$

式中，$P_{ASL,t}^{VESS}$为t时段电解铝虚拟储能充放电功率。当电解铝负荷大于基准耗电功率时，虚拟储能处于充电状态；反之，虚拟储能处于放电状态。

由于工业负荷的生产用能与其工艺流程、生产订单、工人排班以及电网边界条件紧密耦合，其等效虚拟储能的容量需要根据具体的场景进行定制化建模。因此，本书暂不涉及工业负荷虚拟储能容量的建模方法。

【例题 4-4】 电解槽温度在电解铝的生产过程中至关重要，它会直接影响电解铝的电流效率和产量。温度降低会改变电解铝的电流效率，从而减少铝的生产量。相反，温度升高虽然会增加铝的产量，但过高的温度也可能导致电解槽的材料损坏和能耗增加，同时可能引发不稳定的化学反应。因此，维持电解槽温度在950～970℃这个合理范围内，可以优化电流效率，降低能耗，保证铝的高质量生产和设备的长期稳定运行。

为了节能环保，电解铝厂会最大限度地购买绿电来为电解铝负荷的生产供电，当绿电供应不足时才会购买火电。做如下假设。

假设 1：绿电从 7 时供应至 18 时，价格为 0.2K/(kW·h)，火电价格为 0.5K/(kW·h)，K 为一虚拟货币单位；

假设 2：电解铝负荷的功率和其温度为线性关系，可表示为 $P = \alpha T$，其中 $\alpha = 0.7$ kW/℃；

假设 3：电解铝厂一天的总订单量为 210t，电解铝负荷功率和产量的关系为 $Q = \beta P \Delta t$，其中 $\beta = 13$ (kW·h)/kg。

在保证电解槽的温度始终处于合理范围内以及满足电解铝厂总订单量的情况下，计算充分利用电解铝负荷的虚拟储能特性调节负荷功率时的最低用电成本。同时计算不调节电解铝负荷的功率，使其维持恒定功率下的用电成本，并与利用电解铝负荷的虚拟储能情况进行节能对比。

解 由假设 1 可知，电解铝厂各个时刻购电价格见表 4-6。

表 4-6 电解铝厂各个时刻购电价格

时间/h	1	2	3	4	5	6	7	8	9	10	11	12	13	14	15	16	17	18	19	20	21	22	23	24
购电价格/(K/(kW·h))	0.5	0.5	0.5	0.5	0.5	0.5	0.2	0.2	0.2	0.2	0.2	0.2	0.2	0.2	0.2	0.2	0.2	0.2	0.5	0.5	0.5	0.5	0.5	0.5

(1) 负荷调节功率的情况。

由假设 2、3 可知，电解槽温度越低，电解铝负荷的输出功率越小，相应的电解铝厂的产量也就越低。结合假设 1 可知，由于绿电价格低于火电价格，因此在能够购买绿电的时刻，大量生产铝可以减少总用电成本。为了满足总订单量的需求，可将电解铝负荷的功率调节情况分为以下几个区间。

①购买绿电和火电时，均维持电解槽在最低温度，即每个时刻都维持最低产量也可以满足总订单量的需求。

②在上述情况无法满足总订单量需求时，使购买火电时刻仍维持电解槽在最低温度，在购买绿电时提高电解槽温度，增加铝的产量来满足总需求。极限情况为购买绿电时将电解槽温度升至最高，以每时刻的最大产量来进行铝的生产。

③若超出极限情况仍无法满足总订单量需求，此时由于购买绿电时电解槽温度已升至最高，只能在购买火电时提高电解槽温度来提高铝产量。

首先，计算情况①是否能满足总订单量。

按每时刻电解槽都处于最低温度考虑，电解铝负荷每小时的输出功率为

$$P_{\min}=\alpha T_{\min}=0.7\times950=665(\text{kW})$$

此时，每小时电解铝的产量为

$$Q=\beta P_{\min}\Delta t=13\times665\times1=8645(\text{kg})$$

因此，电解铝厂的日总产量为

$$Q_{总}=Qt=8645\times24=207480(\text{kg})<210000(\text{kg})$$

不满足总订单量的需求，因此情况①不成立。下面计算情况②是否能满足总订单量。

此时，购买火电的时刻仍维持电解槽温度在最低温度，由情况①可知，购买火电的时段能完成的电解铝总产量为

$$Q_{火电}=Qt_{火电}=8645\times12=103740(\text{kg})$$

因此，购买绿电的时段需完成的电解铝总产量为

$$Q_{绿电}=Q_{日总量}-Q_{火电}=210000-103740=106260(\text{kg})$$

平均到每个时刻需要生产的铝量为

$$Q_{绿电.\text{h}}=\frac{Q_{绿电}}{t_{绿电}}=\frac{106260}{12}=8855(\text{kg})$$

此时，电解铝负荷每小时的输出功率为

$$P_{绿电}=\frac{Q_{绿电}}{\beta\Delta t}=\frac{8855}{13\times1}\approx681.15(\text{kW})$$

对应的电解槽温度为

$$T_{绿电}=\frac{P_{绿电}}{\alpha}=\frac{681.15}{0.7}\approx973.07(℃)\notin[950,970]$$

因此，情况②也不能满足电解铝厂总订单量，还需计算情况③。此时，购买绿电的时刻应维持电解槽温度在最高温度，每小时能完成的电解铝产量为

$$Q'_{绿电.\text{h}}=\beta P_{\max}\Delta t=\beta\alpha T_{\max}\Delta t=13\times0.7\times970\times1=8827(\text{kg})$$

购买绿电的时段能完成的电解铝总产量为

$$Q'_{绿电}=Q'_{绿电.\text{h}}t_{绿电}=8827\times12=105924(\text{kg})$$

因此，购买火电的时段需完成的电解铝总产量为

$$Q'_{火电}=Q_{日总量}-Q'_{绿电}=210000-105924=104076(\text{kg})$$

平均到每个时刻需要生产的铝量为

$$Q'_{火电.\text{h}}=\frac{Q'_{火电}}{t_{火电}}=\frac{104076}{12}=8673(\text{kg})$$

此时，电解铝负荷每小时的输出功率为

$$P'_{火电}=\frac{Q'_{火电}}{\beta\Delta t}=\frac{8673}{13\times1}\approx667.15(\text{kW})$$

对应的电解槽温度为

$$T'_{火电}=\frac{P'_{火电}}{\alpha}=\frac{667.15}{0.7}\approx 953.07(℃)\in[950,970]$$

因此，情况③可以满足电解铝厂总订单量。此时，电解铝厂的总用电成本为

$$\begin{aligned}Y_1&=Q'_{火电.h}t_{火电}C_{火电}+Q'_{绿电.h}t_{绿电}C_{绿电}\\&=8673\times12\times0.5+8827\times12\times0.2=73222.8(K)\end{aligned}$$

(2)负荷不调节功率的情况。

由于电解铝负荷不进行功率调整，因此每个时刻的铝产量是固定的：

$$Q_h=\frac{Q_{日总量}}{t}=\frac{210000}{24}=8750(kg)$$

电解铝负荷每小时的输出功率为

$$P=\frac{Q_h}{\beta\Delta t}=\frac{8750}{13\times1}\approx 673.08(kW)$$

对应的电解槽温度为

$$T=\frac{P}{\alpha}=\frac{673.08}{0.7}\approx 961.54(℃)\in[950,970]$$

此时，电解铝厂的总用电成本为

$$\begin{aligned}Y_2&=Q_h t_{火电}C_{火电}+Q_h t_{绿电}C_{绿电}\\&=8750\times12\times0.5+8750\times12\times0.2=73500(K)\end{aligned}$$

(3)对比分析。

若不利用电解铝负荷虚拟储能，电解铝厂的用电成本将增加 277.2K，由此可见，利用电解铝负荷虚拟储能可以降低电解铝厂用电成本，实现其最大化经济效益和能源利用效率。

4.5　综合能源系统中储能的典型应用

4.5.1　在电力系统中的应用

储能系统在电力系统中起着关键作用，尤其是在电力系统的平衡和优化方面。通过存储和释放能量，储能系统可以辅助电力系统在不同时间段内有效管理负荷及调节频率偏差，提高系统运行稳定性。

储能进行负荷管理的形式包括削峰填谷、平滑负荷曲线、平抑可再生能源波动、需求响应、备用等。当储能进行削峰填谷时，在电力需求低谷时段，储能系统可以从电网吸收多余的电能，储存起来以备未来高峰使用；在电力需求高峰时段，储能系统可以释放之前储存的能量，减少电网的负荷，降低电力需求峰值。这不仅平衡了负荷，还可以利用低谷电价，节省成本。储能系统可以平滑负荷曲线，减少负荷波动。通过在负荷波动时提供补充或吸收能量，储能系统能够维持电网稳定性，避免频繁启动或停止发电机组，提高系统运行效率。随着风能、太阳能等可再生能源的比例增加，储能系统能够在可再生能源发电

过剩时储存能量，并在其不足时释放能量，从而平衡可再生能源的间歇性和不稳定性。此外，通过储能系统提供的灵活性，可以响应电力市场的动态定价信号或电网调度指令，实现需求响应，优化用电策略。这可以通过在电价较低时充电，在电价较高时放电，从而实现降低总体用电成本的目标。在突发情况或紧急情况下，储能系统亦可作为备用电源，提供短期的电力支持，确保关键负载的连续供电，同时避免电网崩溃或大规模停电。

电力系统频率是判断电能质量的重要指标之一。用户侧负荷的变化和发电侧机组的脱网都会影响电力系统频率，频率的波动会影响发电设备和用电设备的安全、高效运行及寿命，因此频率调节至关重要。为了将频率变化控制在系统安全范围内，需要不断调整发电机的工作点或可控负荷的消耗功率，以维持供需平衡，在此过程中，涉及一次调频和二次调频。

一次调频是指利用系统的负荷频率特性和发电机组调速器，自动调节系统频率以应对小幅度、短周期的功率波动。通常，参与调频的机组容量为系统最高负荷的 1%～3%。传统火电机组参与调频时，由于爬坡速率慢、对调度指令响应滞后，且频繁调整功率会加剧磨损，同时考虑到碳排等因素，已越来越难以满足现代电网需求。相比之下，储能系统在电网一次调频中具有显著优势：它响应速度快、效率高，能够毫秒级响应区域控制误差(ACE)或 AGC 信号，并迅速调整与电网的能量交换。储能系统还无不灵敏区，能够精确执行调频任务，减小频率振荡幅度并缩短振荡时间。同时，储能调频效率高、运维成本低，且安装灵活、建设周期短，是传统调频电厂的重要补充。当储能参与一次调频时，其动态响应特性主要由储能变流器(PCS)控制主导。因此，控制 PCS 模拟传统调频电源的下垂特性即可实现一次调频。定义储能的动作深度与频率偏差之比为单位功率调节系数，记为 K_E。如图 4-15 所示，根据频率偏差和下垂特性对储能的有功功率进行调整，以保证系统频率稳定在允许的偏差范围内。其控制方式如式(4-48)所示。当电网频率 f_{gird} 偏离控制死区 ($f_N-\Delta f_0$, $f_N+\Delta f_0$) 时，储能根据下垂控制进行充放电，调节系统频率；而当电网频率在控制死区内时，储能则处于备用状态。

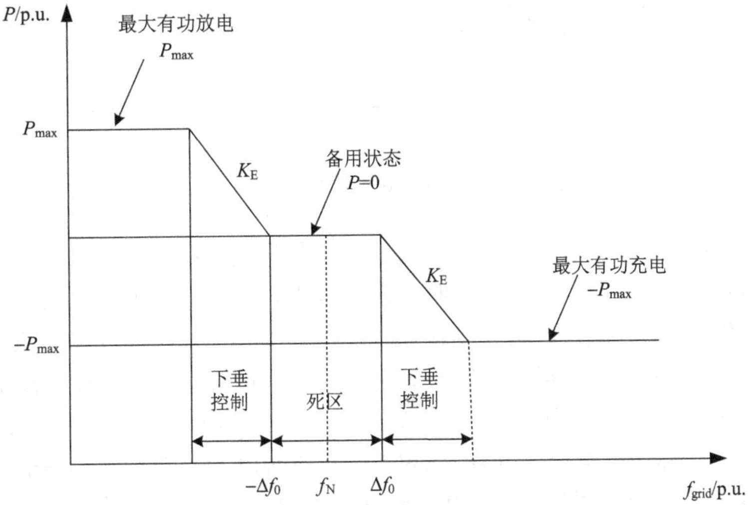

图 4-15　储能参与一次调频示意图

$$P=-K_E(f_{grid}-f_N) \tag{4-48}$$

式中，f_N 为系统额定频率。

二次调频是指在一次调频的基础上，发电机组或其他控制设备(如储能)根据系统频率偏差调整其有功输出，使系统频率恢复到额定值的过程。因在传统电力系统中，二次调频主要由发电机参与完成，因此也常被称为自动发电控制(AGC)。当储能参与电力系统的二次调频时，其快速响应特性使其能够及时填补负荷频繁波动下的有功功率缺口，有效减轻电网进行传统二次频率调整的压力。二次调频需要系统增加有功功率，以弥补负荷波动的缺额，最终实现电网频率的无差调节。传统的调频机组由于技术能力的限制，无法完全及时地响应调度指令。因此，可以通过引入储能与传统机组联合进行二次调频，其调频机理如图 4-16 所示。当负荷增加 ΔP_L 时，系统频率下降至 f_0'；当传统调频机组增发 ΔP_G 时，系统频率上升至 f_0''，但由图中可知，增发的 ΔP_G 并不能弥补系统的有功缺额。此时储能参与系统频率的二次调节增发有功功率 ΔP_E，使有功功率增发量和缺额匹配，频率回升至 f_N 以实现系统频率的无差调节。在储能系统参与频率二次调节时，通常由储能承担 ACE 信号的高频分量，而传统调频电源则负责低频分量。

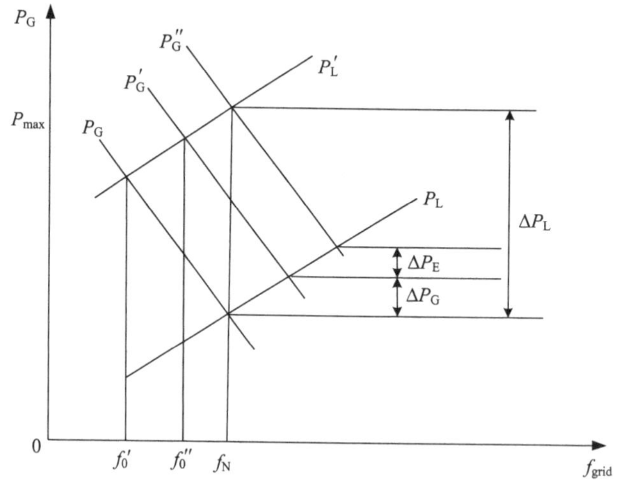

图 4-16　调频机组静态频率特性曲线

基于以上分析可见，储能系统参与调频辅助服务是电力系统调频未来的发展方向。一次调频是典型的功率型应用，要求在短时间内快速进行充放电。采用电化学储能时，需要具备较大的充放电倍率。此外，考虑到调频辅助服务的年运行次数较高，从全寿命周期的角度来看，这可能会缩短某些类型储能设备的寿命，从而影响其全寿命周期的经济性。

【例题 4-5】　某工业园区的每日电力负荷需求及电价信息如下所示：低谷时段为 0:00～6:00，负荷为 5MW，电价为 0.4K/(kW·h)；平段时段 1 为 6:00～14:00，负荷为 8MW，电价为 0.8K/(kW·h)；高峰时段为 14:00～20:00，负荷为 12MW，电价为 1.2K/(kW·h)；平段时段 2 为 20:00～24:00，负荷为 7MW，电价为 0.8K/(kW·h)。园区内安装了一套储能系统，容量为 4MW·h，最大充放电功率为 2MW，初始 SOC 为 20%，循环效率为 90%，储能上、下限分别为 20%和 90%。园区管理者希望通过使用储能系统来优化电力成本，请制定储能系统充放电策略并进行经济性分析。

解　储能系统充放电策略为储能系统在低谷电价时段充电至满容量，并在高峰时段放电以降低用电成本。

运行过程：

(1) 0:00～6:00 时段。

此时为低谷时段，储能充电，已知储能容量为 4MW·h，最大充放电功率为 2MW，初始 SOC 为 20%，循环效率为 90%。根据式(4-2)～式(4-4)可知，若在此时段将储能充满则充电电量为 (90%–20%)×4MW·h/90%≈3.1MW·h，充电费用为 3.1MW·h×0.4K/(kW·h) =1240K。若将充电电量平分到该时段，则平均充电功率为 3.1MW·h/6h≈ 0.52MW。此时段园区负荷直接从电网购电，其购电成本为 5MW× 6h×0.4 K/(kW·h)=12000K。

(2) 6:00～14:00 时段。

此时段为平段，储能不动作，园区负荷直接从电网购电，其购电成本为 8MW× 8h×0.8 K/(kW·h)=51200K。

(3) 14:00～20:00 时段。

此时段为高峰时段，储能放电，根据式(4-1)、式(4-4)和式(4-5)可知，若在此时段将储能放电至 SOC 下限，则放电电量为(90%–20%)×4MW·h×90%=2.52MW·h，放电节省用电费用为 2.52MW·h×1.2K/(kW·h)=3024K。若将放电电量平分到该时段，则平均放电功率为 2.52MW·h/6h=0.42MW。此时段园区剩余负荷直接从电网购电，其购电成本为(12MW−0.42MW)× 6h×1.2 K/(kW·h)=83376K。

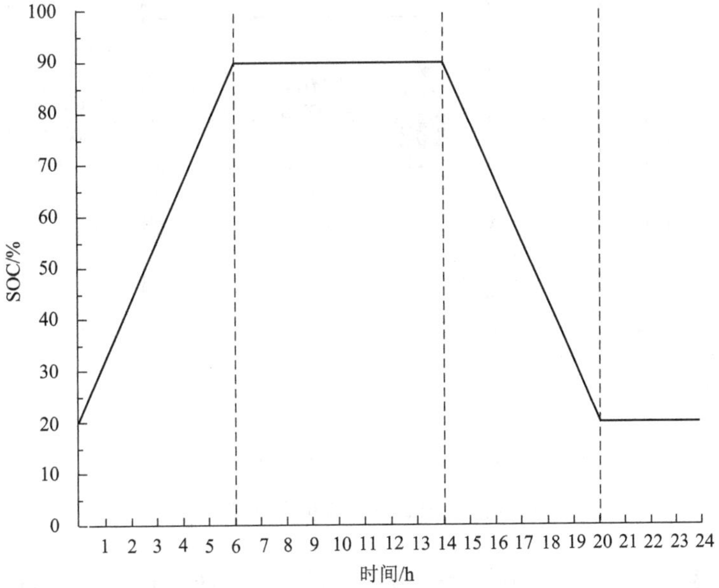

图 4-17　储能各时段 SOC 运行情况

(4) 20:00～24:00 时段。

此时段为平段，储能不动作，园区负荷直接从电网购电，其购电成本为 7MW× 4h×0.8 K/(kW·h)=22400K。

故通过储能运行可以减少用电费用 3024K−1240K=1784K，储能运行后总用电费用为 12000K+1240K+51200K+83376K+22400K=170216K。

根据式(4-4)～式(4-6)可得该储能各时段 SOC 变化情况如图 4-17 所示。

4.5.2　在园区综合能源系统中的应用

在冷热电联供型综合能源系统中，热储能技术起着至关重要的作用，如图 4-18 所示。供热系统通过热泵(heat pump, HP)在夜间利用低谷电力将热能储存在热储能装置(图中用 TESS 表示)中，或者回收冷热电联供机组(combined cooling heating and power, CCHP)的余热，然后在供热高峰期释放储存的热能，为用户供热，从而实现电力的低谷利用和高效供热。类似地，供冷系统利用夜间低谷电力，通过电制冷机(electric chiller, EC)将冷能储存在冰蓄冷装置(图中同样用 TESS 表示)中，白天高峰期则使用储存的冰能进行制冷。这种技术的应用不仅可以有效降低电网的峰值负荷，还能减少传统温控系统对电网的需求，从而实现节能减排的目标。

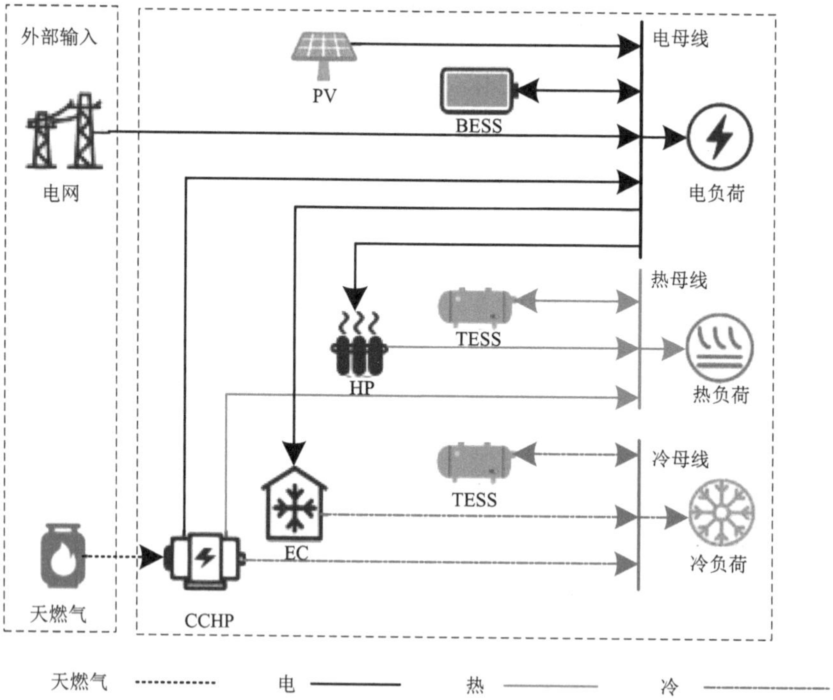

图 4-18　热储能在园区综合能源系统中的应用

【例题 4-6】　一个小型社区希望通过安装冰蓄冷系统来降低高峰时段的空调用电成本。该社区所在地区电价信息如下：低谷时段为 0:00～6:00，电价为 0.4K/(kW·h)；平段时段 1 为 6:00～14:00，电价为 0.8K/(kW·h)；高峰时段为 14:00～20:00，电价为 1.2K/(kW·h)；平段时段 2 为 20:00～24:00，电价为 0.8K/(kW·h)。社区的空调负荷在每天的 14:00～22:00 为 200 kW，持续 8h。计划在低谷时段(0:00～6:00)利用电能制冰，并在高峰时段融冰提供冷量，冰蓄冷系统的制冰效率为 80%。请计算冰蓄冷系统在低谷时段制冰所需的电量，比较有无冰蓄冷系统的用电成本差异并分析冰蓄冷系统的经济性。

解　计算步骤如下。

(1)制冰电量计算。

14:00～20:00 的冷负荷需求为 200kW×8h=1600kW·h，根据式(4-19)可知制冰量为 1600kW·h/0.8=2000kW·h。故在低谷时段(0:00～6:00)，冰蓄冷系统需要消耗 2000kW·h 的电能来制冰。

(2)冰蓄冷系统经济性分析。

无冰蓄冷系统的成本：

直接用电满足空调负荷需求，其用电费用为 200kW×1.2K/(kW·h)×6h+200kW×0.8 K/(kW·h)×2h=1760K。

有冰蓄冷系统的成本：

在低谷时段制冰，电价为 0.4K/(kW·h)，其用电费用为 2000kW·h×0.4K//(kW·h)=800K，在 14:00～20:00 通过融冰提供冷量，不需要额外用电。

综上，使用冰蓄冷系统后，社区每日节省了 1760K−800K=960K 的空调用电成本。冰蓄冷系统通过利用低谷时段电价制冰，在高峰时段提供冷量，有效降低了用电成本，显示出显著的经济性。

习　题

在爱尔兰西部需要建设一个抽水蓄能设施，用于储存该地区风电场产生的过剩电能。目前已经确定了一个潜在的位置，上下水库之间的落差为 250m。一款效率为 90%的西门子涡轮机将用于建设该设施。请问需要设计多大容量的水库来储存 12GW·h 的电能？

第 5 章　含多元储能综合能源系统的最优运行

综合能源系统的最优运行是在考虑不同能源子系统、多元储能及多能源耦合环节各类约束的前提下，通过对各个能源生产、存储、转换设备的运行状态进行优化，使得能源系统运行于最佳状态的过程。电力领域学者对最优潮流(optimal power flow, OPF)概念一定不陌生。OPF 是在电力系统潮流算法基础上，对电网运行状态实施优化的一种常用分析手段。运行调度人员可利用 OPF 这一分析工具，将电网运行调整控制在最优状态，从而达到运行成本更低、运行效果最优、系统更安全等目的。多能流优化可认为是电力系统最优潮流向综合能源系统的自然延伸，它在统一的优化框架下对电、气、热各个系统运行方式及运行状态实施优化，以达到系统最优运行目的。在进行综合能源系统的多能流优化计算时，首先，需设定系统的优化目标，可以是单一目标，如系统的运行成本、供能能力、可靠性、可再生能源消纳率等，也可以是多个目标，如上述多个优化目标的组合。其次，需给出优化模型满足的约束条件，一般包含等式和不等式两类约束，前者反映多能源网络及相关设备的运行规律和特性，如电力系统的潮流方程、燃气及热力系统的水力和热力方程、能源转换方程等；而后者则反映系统和设备在运行过程中必须满足的一些限定条件，如支路的传输极限、设备的最大和最小出力、系统的安全稳定性水平等。最后，给出优化问题的求解方法。

综合能源系统多能流优化计算问题本身就涉及诸多因素需要研究，而作为一种最基本的优化工具，多能流优化计算常被用于综合能源系统的规划设计、运行优化、安全防控、能源交易等多种场景，涉及方面较多，难以在一章中全部展开。为此，本章从电力系统的优化潮流模型出发，进一步引申至综合能源系统多能流优化计算的基本模型与方法，以及其在系统多时间尺度优化调度过程中的应用，并重点剖析多元储能在综合能源系统运行优化中的应用价值。

5.1　电力系统最优潮流计算

5.1.1　电力系统的最优潮流模型

第 2 章给出的潮流计算是电力系统分析的基础，而最优潮流是在此基础上进一步引入优化理论，增加了优化的维度，其目的是在系统的结构参数和负荷情况都已给定的前提下，调节可利用的控制变量来找到能满足所有运行约束条件的，并使系统的某些性能指标(如发电成本或网络损耗)达到最优值的潮流分布。在数学上，最优潮流的本质是一个典型的非线性优化问题。

在电力系统最优潮流模型中，一般将所涉及的变量分为控制变量 $\boldsymbol{u}_{\mathrm{e}}$ 和状态变量 $\boldsymbol{x}_{\mathrm{e}}$ 两类，其中，控制变量通常可由运行调度人员或调度系统按照一定策略进行调整，如发电机(除平衡机外)的有功出力和出口电压、无功补偿设备的节点电压、有载调压变压器的变比、储能系统的有功出力等。状态变量是控制变量的因变量，用于描述系统状态的变量，需经模型计算才能确定(在最优潮流中，通常需计算电网的潮流方程以获得这些变量)，如节点的电压、相角和各支路的功率等。变量中增加下标 e，代表它们用于描述电力系统中的相关变量，以便与后续其他能源系统中的变量进行区别。则电力系统最优潮流的通用模型可表示为

$$\begin{aligned} &\min \quad f_{\mathrm{e}}(\boldsymbol{x}_{\mathrm{e}},\boldsymbol{u}_{\mathrm{e}}) \\ &\text{s.t.} \quad \boldsymbol{g}(\boldsymbol{x}_{\mathrm{e}},\boldsymbol{u}_{\mathrm{e}})=0 \\ &\qquad \boldsymbol{h}_0(\boldsymbol{x}_{\mathrm{e}},\boldsymbol{u}_{\mathrm{e}})\leqslant 0 \end{aligned} \tag{5-1}$$

式中，$f_{\mathrm{e}}(\cdot)$ 为模型的目标函数，用于表征模型希望达到的优化目的，是一标量函数，如系统成本、安全性、可靠性等；$\boldsymbol{g}(\boldsymbol{x}_{\mathrm{e}},\boldsymbol{u}_{\mathrm{e}})$ 为模型的等式约束，其中最关键的是电网潮流约束，即该优化模型需首先满足电网的潮流方程约束，这也是优化模型被称为最优潮流模型的原因；$\boldsymbol{h}_0(\boldsymbol{x}_{\mathrm{e}},\boldsymbol{u}_{\mathrm{e}})$ 为模型的不等式约束，包含支路传输极限、发电机和储能系统出力上下限、节点电压幅值上下限、各支路传输功率约束、电网安全稳定裕度约束等。

电力系统的最优潮流有各种各样的目标函数，最常用的形式有以下两种：

(1) 系统运行成本最低。该目标函数一般表示为火电机组燃料费用最低，不考虑机组启动、停机等费用。其中，机组运行成本曲线是模型的关键，该曲线给出机组运行成本随其输出有功功率的变化规律，它不仅影响解的最优性，还制约求解方法的选取。

(2) 有功传输损耗最小。无功优化潮流通常以有功传输损耗最小为目标函数，它在减少系统有功损耗的同时，还能改善电压质量。

具体而言，电力系统调度运行研究中常用的最优潮流一般以系统运行成本最低为目标，其数学模型如下。

目标函数：

$$\min \sum_{i\in \boldsymbol{S}_{\mathrm{G}}}(a_{2,i}P_{\mathrm{G},i}^2+a_{1,i}P_{\mathrm{G},i}+a_{0,i}) \tag{5-2}$$

式中，$P_{\mathrm{G},i}$ 为第 i 台发电机的有功出力；$a_{0,i}$、$a_{1,i}$、$a_{2,i}$ 为其运行成本曲线参数；$\boldsymbol{S}_{\mathrm{G}}$ 为可调度发电机集合。

约束条件：

$$\begin{cases} P_{\mathrm{G},i}-P_{\mathrm{D},i}-V_i\sum\limits_{j=1}^{n}V_j(G_{ij}\cos\theta_{ij}+B_{ij}\sin\theta_{ij})=0, \\ Q_{\mathrm{G},i}-Q_{\mathrm{D},i}+V_i\sum\limits_{j=1}^{n}V_j(G_{ij}\sin\theta_{ij}-B_{ij}\cos\theta_{ij})=0, \end{cases} \quad i\in \boldsymbol{S}_{\mathrm{B}} \tag{5-3}$$

$$\underline{P}_{\mathrm{G},i}\leqslant P_{\mathrm{G},i}\leqslant \overline{P}_{\mathrm{G},i},\quad i\in \boldsymbol{S}_{\mathrm{G}} \tag{5-4}$$

$$\underline{Q}_{\mathrm{G},i}\leqslant Q_{\mathrm{G},i}\leqslant \overline{Q}_{\mathrm{G},i},\quad i\in \boldsymbol{S}_{\mathrm{R}} \tag{5-5}$$

$$\underline{V}_i\leqslant V_i\leqslant \overline{V}_i,\quad i\in \boldsymbol{S}_{\mathrm{B}} \tag{5-6}$$

$$|P_l|=|P_{ij}|=\left|V_i^2G_{ij}-V_iV_j(G_{ij}\cos\theta_{ij}+B_{ij}\sin\theta_{ij})\right|\leqslant \overline{P}_l,\quad i\in \boldsymbol{S}_l \tag{5-7}$$

其中，式(5-3)为等式约束(节点功率平衡方程)；式(5-4)～式(5-7)为不等式约束，依次为电源有功出力上下界约束、无功电源无功出力上下界约束、节点电压上下界约束、线路潮流约束。$\boldsymbol{S}_{\mathrm{B}}$为系统所有节点集合；$\boldsymbol{S}_{\mathrm{R}}$为无功源集合；$\boldsymbol{S}_l$为支路集合；$P_{\mathrm{G},i}$、$Q_{\mathrm{G},i}$为发电机 i 的有功出力、无功出力；$P_{\mathrm{D},i}$、$Q_{\mathrm{D},i}$为节点 i 的有功负荷、无功负荷；V_i、θ_i为节点 i 的电压幅值与相角；$\theta_{ij}=\theta_i-\theta_j$；$G_{ij}$、$B_{ij}$为节点导纳矩阵第 i 行第 j 列元素的实部与虚部；P_l为线路 l 的有功潮流，设线路 l 两端的节点为 i、j。

5.1.2　最优潮流的拉格朗日松弛求解算法

现今已有很多成熟的最优潮流求解算法，归纳起来有拉格朗日松弛法、非线性规划法、二次规划法、混合规划法、内点法和人工智能方法等。限于篇幅，本节以最经典的拉格朗日松弛法来进行说明。

此时，一般需首先将式(5-1)的不等式约束变换为等式约束，如可考虑引入松弛变量 $\boldsymbol{s}_{\mathrm{e}}=[s_{\mathrm{e},1};s_{\mathrm{e},2};\cdots;s_{\mathrm{e},w}]$，其中，$s_{\mathrm{e},i}\geqslant 0,\ i=1,2,\cdots,w$，$w$ 为式(5-1)中不等式方程的个数，从而将其中的不等式约束变为如下形式：

$$\boldsymbol{h}(\boldsymbol{x}_{\mathrm{e}},\boldsymbol{u}_{\mathrm{e}})=\boldsymbol{h}_0(\boldsymbol{x}_{\mathrm{e}},\boldsymbol{u}_{\mathrm{e}})+\boldsymbol{s}_{\mathrm{e}}=0 \tag{5-8}$$

进一步，引入拉格朗日乘子$\boldsymbol{\lambda}_{\mathrm{e}}$和$\boldsymbol{\eta}_{\mathrm{e}}$，将式(5-1)转化为如下拉格朗日函数：

$$L_{\mathrm{e}}(\boldsymbol{x}_{\mathrm{e}},\boldsymbol{u}_{\mathrm{e}})=f_{\mathrm{e}}(\boldsymbol{x}_{\mathrm{e}},\boldsymbol{u}_{\mathrm{e}})+\boldsymbol{\lambda}_{\mathrm{e}}^{\mathrm{T}}\cdot\boldsymbol{g}(\boldsymbol{x}_{\mathrm{e}},\boldsymbol{u}_{\mathrm{e}})+\boldsymbol{\eta}_{\mathrm{e}}^{\mathrm{T}}\cdot\boldsymbol{h}(\boldsymbol{x}_{\mathrm{e}},\boldsymbol{u}_{\mathrm{e}}) \tag{5-9}$$

则原有最优潮流方程最优解需满足如下极值条件，亦即优化模型的 KKT 条件：

$$\frac{\partial L_{\mathrm{e}}(\boldsymbol{x}_{\mathrm{e}},\boldsymbol{u}_{\mathrm{e}})}{\partial \boldsymbol{x}_{\mathrm{e}}}=\frac{\partial f_{\mathrm{e}}(\boldsymbol{x}_{\mathrm{e}},\boldsymbol{u}_{\mathrm{e}})}{\partial \boldsymbol{x}_{\mathrm{e}}}+\left(\frac{\partial \boldsymbol{g}(\boldsymbol{x}_{\mathrm{e}},\boldsymbol{u}_{\mathrm{e}})}{\partial \boldsymbol{x}_{\mathrm{e}}}\right)^{\mathrm{T}}\cdot\boldsymbol{\lambda}_{\mathrm{e}}+\left(\frac{\partial \boldsymbol{h}(\boldsymbol{x}_{\mathrm{e}},\boldsymbol{u}_{\mathrm{e}})}{\partial \boldsymbol{x}_{\mathrm{e}}}\right)^{\mathrm{T}}\cdot\boldsymbol{\eta}_{\mathrm{e}}=0 \tag{5-10}$$

$$\frac{\partial L_{\mathrm{e}}(\boldsymbol{x}_{\mathrm{e}},\boldsymbol{u}_{\mathrm{e}})}{\partial \boldsymbol{u}_{\mathrm{e}}}=\frac{\partial f_{\mathrm{e}}(\boldsymbol{x}_{\mathrm{e}},\boldsymbol{u}_{\mathrm{e}})}{\partial \boldsymbol{u}_{\mathrm{e}}}+\left(\frac{\partial \boldsymbol{g}(\boldsymbol{x}_{\mathrm{e}},\boldsymbol{u}_{\mathrm{e}})}{\partial \boldsymbol{u}_{\mathrm{e}}}\right)^{\mathrm{T}}\cdot\boldsymbol{\lambda}_{\mathrm{e}}+\left(\frac{\partial \boldsymbol{h}(\boldsymbol{x}_{\mathrm{e}},\boldsymbol{u}_{\mathrm{e}})}{\partial \boldsymbol{u}_{\mathrm{e}}}\right)^{\mathrm{T}}\cdot\boldsymbol{\eta}_{\mathrm{e}}=0 \tag{5-11}$$

$$\frac{\partial L_{\mathrm{e}}(\boldsymbol{x}_{\mathrm{e}},\boldsymbol{u}_{\mathrm{e}})}{\partial \boldsymbol{\lambda}_{\mathrm{e}}}=\boldsymbol{g}(\boldsymbol{x}_{\mathrm{e}},\boldsymbol{u}_{\mathrm{e}})=0 \tag{5-12}$$

$$\frac{\partial L_{\mathrm{e}}(\boldsymbol{x}_{\mathrm{e}},\boldsymbol{u}_{\mathrm{e}})}{\partial \boldsymbol{\eta}_{\mathrm{e}}}=\boldsymbol{h}(\boldsymbol{x}_{\mathrm{e}},\boldsymbol{u}_{\mathrm{e}})=0 \tag{5-13}$$

如此一来，对式(5-1)所示优化模型的求解过程，就转化为对由式(5-10)～式(5-13)所构成方程组的求解，可选用适用方法对其进行计算。

5.1.3　电力系统的最优运行典型算例

本节以一个经典的发电厂间有功功率负荷经济分配问题为例，来说明电力系统最优运行过程。为简化计算过程，不等式约束条件暂不考虑，待算出结果后，再按照式(5-4)进行检验。对于有功越限的发电厂，可按照其限制(上限或下限)分配负荷。然后，对其余的发电厂分配剩下的负荷功率。至于约束条件式(5-5)和式(5-6)，可留在有功负荷分配已经确定以后的潮流计算中再进行处理。

【例题 5-1】　三个火电厂并联运行，各电厂运行成本曲线表达式(式中 K/h 表示每小时电厂运行成本，K 为一虚拟货币单位)及功率约束条件如下：

$$F_1=(4+0.3P_{G1}+0.0007P_{G1}^2)\text{K/h},\quad 100\text{MW}\leqslant P_{G1}\leqslant 200\text{MW}$$

$$F_2=(3+0.32P_{G2}+0.0004P_{G2}^2)\text{K/h},\quad 120\text{MW}\leqslant P_{G2}\leqslant 250\text{MW}$$

$$F_3=(3.5+0.3P_{G3}+0.00045P_{G3}^2)\text{K/h},\quad 150\text{MW}\leqslant P_{G3}\leqslant 300\text{MW}$$

当总负荷为 700MW 时，试分别确定各发电厂间功率的经济分配(不计网损的影响)。

解　(1)基于拉格朗日松弛法的求解模型构建。

已知有 3 个火电厂，其运行成本曲线表达式分别为$F_1(P_{G1})$、$F_2(P_{G2})$、$F_3(P_{G3})$，系统总负荷为P_{LD}，暂不考虑网络中的功率损耗，假定各个发电厂的输出功率不受限制，则系统负荷在 3 个发电厂间的经济分配问题可以表述为在满足式(5-4)所述条件下，使得目标函数最小。

$$\sum_{i=1}^{3}P_{G,i}-P_{LD}=0$$

$$F=\sum_{i=1}^{3}F_i(P_{G,i})$$

求解过程中可采用拉格朗日松弛法来求解。为此，先构建拉格朗日函数：

$$L=F-\lambda\left(\sum_{i-1}^{3}P_{G,i}-P_{LD}\right)$$

式中，λ为拉格朗日乘子。

拉格朗日函数L无条件极值的必要条件为

$$\frac{\partial L}{\partial P_{G,i}}=\frac{\partial F}{\partial P_{G,i}}-\lambda=0,\quad i=1,2,3$$

即

$$\frac{\partial F}{\partial P_{G,i}}=\lambda,\quad i=1,2,3$$

由于发电厂的运行成本只是该厂输出功率的函数，因此又可写成：

$$\frac{dF}{dP_{G,i}}=\lambda,\quad i=1,2,3$$

这就是 3 个火电厂负荷经济分配的等微增率准则。

(2)按所给运行成本特性，可得各厂的微增耗量特性为

$$\begin{cases}\lambda_1=\dfrac{dF_1}{dP_{G1}}=0.3+0.0014P_{G1}\\ \lambda_2=\dfrac{dF_2}{dP_{G2}}=0.32+0.0008P_{G2}\\ \lambda_3=\dfrac{dF_3}{dP_{G3}}=0.3+0.0009P_{G3}\end{cases}$$

令$\lambda_1=\lambda_2=\lambda_3$，可解出：

$$\begin{cases}P_{G1}=14.29+0.571P_{G2}\\ P_{G3}=22.22+0.889P_{G2}\end{cases}$$

(3) 总负荷为700MW，即 $P_{G1}+P_{G2}+P_{G3}=700\text{MW}$。

将 P_{G1} 和 P_{G3} 都用 P_{G2} 表示，便得

$$14.29+0.571P_{G2}+P_{G2}+22.22+0.889P_{G2}=700$$

由此可以算出 $P_{G2}=270\text{MW}$，已越出上限值，故 $P_{G2}=250\text{MW}$。剩余的负荷功率450MW再由发电厂1和3进行经济分配。

$$P_{G1}+P_{G3}=450$$

将 P_{G1} 用 P_{G3} 表示，可得

$$0.643P_{G3}+P_{G3}=450$$

由此解出 $P_{G3}=274\text{MW}$ 和 $P_{G1}=(450-274)\text{MW}=176\text{MW}$，都在发电机出力约束限值内，此时可得各发电厂的经济出力。

5.2　综合能源系统的最优能流计算

本节在第3章综合能源系统多能流分析基础上，进一步给出综合能源系统的最优能流模型，可视为电力系统最优潮流模型的一种扩展，其一般形式如下：

$$\begin{aligned}&\min\ f(\boldsymbol{x},\boldsymbol{u})\\&\text{s.t.}\ \ \boldsymbol{F}(\boldsymbol{x},\boldsymbol{u})=0\\&\qquad \boldsymbol{H}_0(\boldsymbol{x},\boldsymbol{u})\leqslant 0\end{aligned}\tag{5-14}$$

$$\boldsymbol{x}=[\boldsymbol{x}_e;\boldsymbol{x}_g;\boldsymbol{x}_h;\boldsymbol{x}_{EH}]\tag{5-15}$$

$$\boldsymbol{u}=[\boldsymbol{u}_e;\boldsymbol{u}_g;\boldsymbol{u}_h;\boldsymbol{u}_{EH}]\tag{5-16}$$

式中，$\boldsymbol{x}$ 和 $\boldsymbol{u}$ 为系统最优能流模型的状态变量和控制变量；$(\boldsymbol{x}_e,\boldsymbol{u}_e)$、$(\boldsymbol{x}_g,\boldsymbol{u}_g)$、$(\boldsymbol{x}_h,\boldsymbol{u}_h)$ 和 $(\boldsymbol{x}_{EH},\boldsymbol{u}_{EH})$ 分别为电力、燃气和热力子系统及其耦合环节对应的状态变量和控制变量。同样，状态变量在最优能流模型迭代过程中，需通过求解系统的多能流方程得到；而控制变量，则可由运行人员或调度策略进行调整，如变压器的可调变比、燃气管网压缩机的压缩比等。$\boldsymbol{F}(\cdot)$ 即为第3章的综合能源系统多能流方程，其中，$\boldsymbol{F}=[\boldsymbol{F}_e;\boldsymbol{F}_g;\boldsymbol{F}_h;\boldsymbol{F}_{EH}]$，$\boldsymbol{F}_e(\cdot)$、$\boldsymbol{F}_g(\cdot)$、$\boldsymbol{F}_h(\cdot)$、$\boldsymbol{F}_{EH}(\cdot)$ 分别为电力子系统的潮流方程、燃气子系统的水力方程、热力子系统的水力和热力方程以及耦合环节的能量变换方程等约束，具体表达式见第3章。采用与电力系统最优潮流类似的方式，可引入松弛变量 $\boldsymbol{s}=[s_1;s_2;\cdots;s_W]$，其中，$s_i\geqslant 0$，$1\leqslant i\leqslant W$，$W$ 为 $\boldsymbol{H}_0(\cdot)$ 方程的个数，可将式(5-14)中的不等式约束 $\boldsymbol{H}_0(\cdot)$ 变为等式约束 $\boldsymbol{H}(\cdot)$：

$$\boldsymbol{H}(\boldsymbol{x},\boldsymbol{u})=\boldsymbol{H}_0(\boldsymbol{x},\boldsymbol{u})+\boldsymbol{s}=0\tag{5-17}$$

不难看出，$\boldsymbol{H}(\cdot)$ 由电气热子系统及耦合环节的各类网络或设备运行限制构成，故进一步可表示为 $\boldsymbol{H}=[\boldsymbol{H}_e;\boldsymbol{H}_g;\boldsymbol{H}_h;\boldsymbol{H}_{EH}]$，其中的 $\boldsymbol{H}_e(\cdot)$、$\boldsymbol{H}_g(\cdot)$、$\boldsymbol{H}_h(\cdot)$、$\boldsymbol{H}_{EH}(\cdot)$ 分别表示不同能源子系统及耦合环节对应的约束条件。

在求解综合能源系统最优能流模型时，同样需列解如下拉格朗日函数：

$$L(\boldsymbol{x},\boldsymbol{u})=f(\boldsymbol{x},\boldsymbol{u})+\boldsymbol{\lambda}^{\mathrm{T}}\cdot\boldsymbol{F}(\boldsymbol{x},\boldsymbol{u})+\boldsymbol{\eta}^{\mathrm{T}}\cdot\boldsymbol{H}(\boldsymbol{x},\boldsymbol{u})\tag{5-18}$$

其中，$\boldsymbol{\lambda}=[\boldsymbol{\lambda}_e;\boldsymbol{\lambda}_g;\boldsymbol{\lambda}_h;\boldsymbol{\lambda}_{EH}]$ 和 $\boldsymbol{\eta}=[\boldsymbol{\eta}_e;\boldsymbol{\eta}_g;\boldsymbol{\eta}_h;\boldsymbol{\eta}_{EH}]$ 分别为等式和不等式约束对应的拉格朗日乘

子。进一步，利用优化模型的 KKT 条件，将其最优解的求解转化为对如下拉格朗日函数极值条件的求解：

$$\boldsymbol{L}_x = \frac{\partial L(\boldsymbol{x},\boldsymbol{u})}{\partial \boldsymbol{x}} = \frac{\partial f(\boldsymbol{x},\boldsymbol{u})}{\partial \boldsymbol{x}} + \left(\frac{\partial \boldsymbol{F}(\boldsymbol{x},\boldsymbol{u})}{\partial \boldsymbol{x}}\right)^{\mathrm{T}} \cdot \boldsymbol{\lambda} + \left(\frac{\partial \boldsymbol{H}(\boldsymbol{x},\boldsymbol{u})}{\partial \boldsymbol{x}}\right)^{\mathrm{T}} \cdot \boldsymbol{\eta} = 0 \tag{5-19}$$

$$\boldsymbol{L}_u = \frac{\partial L(\boldsymbol{x},\boldsymbol{u})}{\partial \boldsymbol{u}} = \frac{\partial f(\boldsymbol{x},\boldsymbol{u})}{\partial \boldsymbol{u}} + \left(\frac{\partial \boldsymbol{F}(\boldsymbol{x},\boldsymbol{u})}{\partial \boldsymbol{u}}\right)^{\mathrm{T}} \cdot \boldsymbol{\lambda} + \left(\frac{\partial \boldsymbol{H}(\boldsymbol{x},\boldsymbol{u})}{\partial \boldsymbol{u}}\right)^{\mathrm{T}} \cdot \boldsymbol{\eta} = 0 \tag{5-20}$$

$$\boldsymbol{L}_F = \boldsymbol{F}(\boldsymbol{x},\boldsymbol{u}) = \begin{bmatrix} \boldsymbol{F}_{\mathrm{e}}(\boldsymbol{x},\boldsymbol{u}) \\ \boldsymbol{F}_{\mathrm{g}}(\boldsymbol{x},\boldsymbol{u}) \\ \boldsymbol{F}_{\mathrm{h}}(\boldsymbol{x},\boldsymbol{u}) \\ \boldsymbol{F}_{\mathrm{EH}}(\boldsymbol{x},\boldsymbol{u}) \end{bmatrix} = 0 \tag{5-21}$$

$$\boldsymbol{L}_H = \boldsymbol{H}(\boldsymbol{x},\boldsymbol{u}) = \begin{bmatrix} \boldsymbol{H}_{\mathrm{e}}(\boldsymbol{x},\boldsymbol{u}) \\ \boldsymbol{H}_{\mathrm{g}}(\boldsymbol{x},\boldsymbol{u}) \\ \boldsymbol{H}_{\mathrm{h}}(\boldsymbol{x},\boldsymbol{u}) \\ \boldsymbol{H}_{\mathrm{EH}}(\boldsymbol{x},\boldsymbol{u}) \end{bmatrix} = 0 \tag{5-22}$$

式中，$\dfrac{\partial \boldsymbol{F}(\boldsymbol{x},\boldsymbol{u})}{\partial \boldsymbol{x}}$即为综合能源系统多能流方程的雅可比矩阵，第 2 章已分析过其元素构成及结构，如式(5-23)所示：

$$\frac{\partial \boldsymbol{F}(\boldsymbol{x},\boldsymbol{u})}{\partial \boldsymbol{x}} = \boldsymbol{J}(\boldsymbol{x})\big|_{\boldsymbol{u}} = \begin{bmatrix} \dfrac{\partial \boldsymbol{F}_{\mathrm{e}}}{\partial \boldsymbol{x}_{\mathrm{e}}} & \boldsymbol{0} & \boldsymbol{0} & \dfrac{\partial \boldsymbol{F}_{\mathrm{e}}}{\partial \boldsymbol{x}_{\mathrm{EH}}} \\ \boldsymbol{0} & \dfrac{\partial \boldsymbol{F}_{\mathrm{g}}}{\partial \boldsymbol{x}_{\mathrm{g}}} & \boldsymbol{0} & \dfrac{\partial \boldsymbol{F}_{\mathrm{g}}}{\partial \boldsymbol{x}_{\mathrm{EH}}} \\ \boldsymbol{0} & \boldsymbol{0} & \dfrac{\partial \boldsymbol{F}_{\mathrm{h}}}{\partial \boldsymbol{x}_{\mathrm{h}}} & \dfrac{\partial \boldsymbol{F}_{\mathrm{h}}}{\partial \boldsymbol{x}_{\mathrm{EH}}} \\ \dfrac{\partial \boldsymbol{F}_{\mathrm{EH}}}{\partial \boldsymbol{x}_{\mathrm{e}}} & \dfrac{\partial \boldsymbol{F}_{\mathrm{EH}}}{\partial \boldsymbol{x}_{\mathrm{g}}} & \dfrac{\partial \boldsymbol{F}_{\mathrm{EH}}}{\partial \boldsymbol{x}_{\mathrm{h}}} & \dfrac{\partial \boldsymbol{F}_{\mathrm{EH}}}{\partial \boldsymbol{x}_{\mathrm{EH}}} \end{bmatrix} \tag{5-23}$$

考虑到在综合能源系统中，电、气、热各能源子系统仅在耦合环节与其他能源子系统存在能量交互，因此上述 KKT 条件中的$\dfrac{\partial \boldsymbol{H}(\boldsymbol{x},\boldsymbol{u})}{\partial \boldsymbol{x}}$、$\dfrac{\partial \boldsymbol{F}(\boldsymbol{x},\boldsymbol{u})}{\partial \boldsymbol{u}}$、$\dfrac{\partial \boldsymbol{H}(\boldsymbol{x},\boldsymbol{u})}{\partial \boldsymbol{u}}$矩阵也均具有类似于式(5-23)所示的结构：

$$\frac{\partial \boldsymbol{H}(\boldsymbol{x},\boldsymbol{u})}{\partial \boldsymbol{x}} = \begin{bmatrix} \dfrac{\partial \boldsymbol{H}_{\mathrm{e}}}{\partial \boldsymbol{x}_{\mathrm{e}}} & \boldsymbol{0} & \boldsymbol{0} & \dfrac{\partial \boldsymbol{H}_{\mathrm{e}}}{\partial \boldsymbol{x}_{\mathrm{EH}}} \\ \boldsymbol{0} & \dfrac{\partial \boldsymbol{H}_{\mathrm{g}}}{\partial \boldsymbol{x}_{\mathrm{g}}} & \boldsymbol{0} & \dfrac{\partial \boldsymbol{H}_{\mathrm{g}}}{\partial \boldsymbol{x}_{\mathrm{EH}}} \\ \boldsymbol{0} & \boldsymbol{0} & \dfrac{\partial \boldsymbol{H}_{\mathrm{h}}}{\partial \boldsymbol{x}_{\mathrm{h}}} & \dfrac{\partial \boldsymbol{H}_{\mathrm{h}}}{\partial \boldsymbol{x}_{\mathrm{EH}}} \\ \dfrac{\partial \boldsymbol{H}_{\mathrm{EH}}}{\partial \boldsymbol{x}_{\mathrm{e}}} & \dfrac{\partial \boldsymbol{H}_{\mathrm{EH}}}{\partial \boldsymbol{x}_{\mathrm{g}}} & \dfrac{\partial \boldsymbol{H}_{\mathrm{EH}}}{\partial \boldsymbol{x}_{\mathrm{h}}} & \dfrac{\partial \boldsymbol{H}_{\mathrm{EH}}}{\partial \boldsymbol{x}_{\mathrm{EH}}} \end{bmatrix} \tag{5-24}$$

$$\frac{\partial \boldsymbol{F}(\boldsymbol{x},\boldsymbol{u})}{\partial \boldsymbol{u}}=\begin{bmatrix} \frac{\partial \boldsymbol{F}_{\mathrm{e}}}{\partial \boldsymbol{u}_{\mathrm{e}}} & \boldsymbol{0} & \boldsymbol{0} & \frac{\partial \boldsymbol{F}_{\mathrm{e}}}{\partial \boldsymbol{u}_{\mathrm{EH}}} \\ \boldsymbol{0} & \frac{\partial \boldsymbol{F}_{\mathrm{g}}}{\partial \boldsymbol{u}_{\mathrm{g}}} & \boldsymbol{0} & \frac{\partial \boldsymbol{F}_{\mathrm{g}}}{\partial \boldsymbol{u}_{\mathrm{EH}}} \\ \boldsymbol{0} & \boldsymbol{0} & \frac{\partial \boldsymbol{F}_{\mathrm{h}}}{\partial \boldsymbol{u}_{\mathrm{h}}} & \frac{\partial \boldsymbol{F}_{\mathrm{h}}}{\partial \boldsymbol{u}_{\mathrm{EH}}} \\ \frac{\partial \boldsymbol{F}_{\mathrm{EH}}}{\partial \boldsymbol{u}_{\mathrm{e}}} & \frac{\partial \boldsymbol{F}_{\mathrm{EH}}}{\partial \boldsymbol{u}_{\mathrm{g}}} & \frac{\partial \boldsymbol{F}_{\mathrm{EH}}}{\partial \boldsymbol{u}_{\mathrm{h}}} & \frac{\partial \boldsymbol{F}_{\mathrm{EH}}}{\partial \boldsymbol{u}_{\mathrm{EH}}} \end{bmatrix} \tag{5-25}$$

$$\frac{\partial \boldsymbol{H}(\boldsymbol{x},\boldsymbol{u})}{\partial \boldsymbol{u}}=\begin{bmatrix} \frac{\partial \boldsymbol{H}_{\mathrm{e}}}{\partial \boldsymbol{u}_{\mathrm{e}}} & \boldsymbol{0} & \boldsymbol{0} & \frac{\partial \boldsymbol{H}_{\mathrm{e}}}{\partial \boldsymbol{u}_{\mathrm{EH}}} \\ \boldsymbol{0} & \frac{\partial \boldsymbol{H}_{\mathrm{g}}}{\partial \boldsymbol{u}_{\mathrm{g}}} & \boldsymbol{0} & \frac{\partial \boldsymbol{H}_{\mathrm{g}}}{\partial \boldsymbol{u}_{\mathrm{EH}}} \\ \boldsymbol{0} & \boldsymbol{0} & \frac{\partial \boldsymbol{H}_{\mathrm{h}}}{\partial \boldsymbol{u}_{\mathrm{h}}} & \frac{\partial \boldsymbol{H}_{\mathrm{h}}}{\partial \boldsymbol{u}_{\mathrm{EH}}} \\ \frac{\partial \boldsymbol{H}_{\mathrm{EH}}}{\partial \boldsymbol{u}_{\mathrm{e}}} & \frac{\partial \boldsymbol{H}_{\mathrm{EH}}}{\partial \boldsymbol{u}_{\mathrm{g}}} & \frac{\partial \boldsymbol{H}_{\mathrm{EH}}}{\partial \boldsymbol{u}_{\mathrm{h}}} & \frac{\partial \boldsymbol{H}_{\mathrm{EH}}}{\partial \boldsymbol{u}_{\mathrm{EH}}} \end{bmatrix} \tag{5-26}$$

故进一步，可将式(5-19)和式(5-20)改写为如下形式：

$$\boldsymbol{L}_x=\begin{bmatrix} \boldsymbol{LX}_{\mathrm{e}}(\boldsymbol{x},\boldsymbol{u}) \\ \boldsymbol{LX}_{\mathrm{g}}(\boldsymbol{x},\boldsymbol{u}) \\ \boldsymbol{LX}_{\mathrm{h}}(\boldsymbol{x},\boldsymbol{u}) \\ \boldsymbol{LX}_{\mathrm{EH}}(\boldsymbol{x},\boldsymbol{u}) \end{bmatrix}=0 \tag{5-27}$$

$$\boldsymbol{L}_u=\begin{bmatrix} \boldsymbol{LU}_{\mathrm{e}}(\boldsymbol{x},\boldsymbol{u}) \\ \boldsymbol{LU}_{\mathrm{g}}(\boldsymbol{x},\boldsymbol{u}) \\ \boldsymbol{LU}_{\mathrm{h}}(\boldsymbol{x},\boldsymbol{u}) \\ \boldsymbol{LU}_{\mathrm{EH}}(\boldsymbol{x},\boldsymbol{u}) \end{bmatrix}=0 \tag{5-28}$$

其中

$$\begin{aligned} \boldsymbol{LX}_i(\boldsymbol{x},\boldsymbol{u}) &= \boldsymbol{LX}_i(\boldsymbol{x}_i,\boldsymbol{u}_i,\boldsymbol{x}_{\mathrm{EH}},\boldsymbol{u}_{\mathrm{EH}})=\frac{\partial f(\boldsymbol{x},\boldsymbol{u})}{\partial \boldsymbol{x}_i}+\left[\frac{\partial \boldsymbol{F}_i(\boldsymbol{x},\boldsymbol{u})}{\partial \boldsymbol{x}_i}\right]^{\mathrm{T}}\cdot\boldsymbol{\lambda}_i \\ &+\left[\frac{\partial \boldsymbol{H}_i(\boldsymbol{x},\boldsymbol{u})}{\partial \boldsymbol{x}_i}\right]^{\mathrm{T}}\cdot\boldsymbol{\eta}_i+\left[\frac{\partial \boldsymbol{F}_i(\boldsymbol{x},\boldsymbol{u})}{\partial \boldsymbol{x}_{\mathrm{EH}}}\right]^{\mathrm{T}}\cdot\boldsymbol{\lambda}_{\mathrm{EH}}+\left[\frac{\partial \boldsymbol{H}_i(\boldsymbol{x},\boldsymbol{u})}{\partial \boldsymbol{x}_{\mathrm{EH}}}\right]^{\mathrm{T}}\cdot\boldsymbol{\eta}_{\mathrm{EH}} \end{aligned} \tag{5-29}$$

$$\begin{aligned} \boldsymbol{LU}_i(\boldsymbol{x},\boldsymbol{u}) &= \boldsymbol{LU}_i(\boldsymbol{x}_i,\boldsymbol{u}_i,\boldsymbol{x}_{\mathrm{EH}},\boldsymbol{u}_{\mathrm{EH}})=\frac{\partial f(\boldsymbol{x},\boldsymbol{u})}{\partial \boldsymbol{u}_i}+\left[\frac{\partial \boldsymbol{F}_i(\boldsymbol{x},\boldsymbol{u})}{\partial \boldsymbol{u}_i}\right]^{\mathrm{T}}\cdot\boldsymbol{\lambda}_i \\ &+\left[\frac{\partial \boldsymbol{H}_i(\boldsymbol{x},\boldsymbol{u})}{\partial \boldsymbol{u}_i}\right]^{\mathrm{T}}\cdot\boldsymbol{\eta}_i+\left[\frac{\partial \boldsymbol{F}_i(\boldsymbol{x},\boldsymbol{u})}{\partial \boldsymbol{u}_{\mathrm{EH}}}\right]^{\mathrm{T}}\cdot\boldsymbol{\lambda}_{\mathrm{EH}}+\left[\frac{\partial \boldsymbol{H}_i(\boldsymbol{x},\boldsymbol{u})}{\partial \boldsymbol{u}_{\mathrm{EH}}}\right]^{\mathrm{T}}\cdot\boldsymbol{\eta}_{\mathrm{EH}} \end{aligned} \tag{5-30}$$

式中，$i=\mathrm{e,g,h,EH}$分别表示电力、燃气、热力子系统及耦合环节的方程。

由此，综合能源系统模型的KKT条件，可改写为如下形式：

$$\begin{cases} \boldsymbol{LX}_{\mathrm{e}}(\boldsymbol{x}_{\mathrm{e}},\boldsymbol{u}_{\mathrm{e}},\boldsymbol{x}_{\mathrm{EH}},\boldsymbol{u}_{\mathrm{EH}})=0 \\ \boldsymbol{LU}_{\mathrm{e}}(\boldsymbol{x}_{\mathrm{e}},\boldsymbol{u}_{\mathrm{e}},\boldsymbol{x}_{\mathrm{EH}},\boldsymbol{u}_{\mathrm{EH}})=0 \\ \boldsymbol{F}_{\mathrm{e}}(\boldsymbol{x}_{\mathrm{e}},\boldsymbol{u}_{\mathrm{e}},\boldsymbol{x}_{\mathrm{EH}},\boldsymbol{u}_{\mathrm{EH}})=0 \\ \boldsymbol{H}_{\mathrm{e}}(\boldsymbol{x}_{\mathrm{e}},\boldsymbol{u}_{\mathrm{e}},\boldsymbol{x}_{\mathrm{EH}},\boldsymbol{u}_{\mathrm{EH}})=0 \end{cases} \tag{5-31}$$

$$\begin{cases} \boldsymbol{LX}_{\mathrm{g}}(\boldsymbol{x}_{\mathrm{g}},\boldsymbol{u}_{\mathrm{g}},\boldsymbol{x}_{\mathrm{EH}},\boldsymbol{u}_{\mathrm{EH}})=0 \\ \boldsymbol{LU}_{\mathrm{g}}(\boldsymbol{x}_{\mathrm{g}},\boldsymbol{u}_{\mathrm{g}},\boldsymbol{x}_{\mathrm{EH}},\boldsymbol{u}_{\mathrm{EH}})=0 \\ \boldsymbol{F}_{\mathrm{g}}(\boldsymbol{x}_{\mathrm{g}},\boldsymbol{u}_{\mathrm{g}},\boldsymbol{x}_{\mathrm{EH}},\boldsymbol{u}_{\mathrm{EH}})=0 \\ \boldsymbol{H}_{\mathrm{g}}(\boldsymbol{x}_{\mathrm{g}},\boldsymbol{u}_{\mathrm{g}},\boldsymbol{x}_{\mathrm{EH}},\boldsymbol{u}_{\mathrm{EH}})=0 \end{cases} \tag{5-32}$$

$$\begin{cases} \boldsymbol{LX}_{\mathrm{h}}(\boldsymbol{x}_{\mathrm{h}},\boldsymbol{u}_{\mathrm{h}},\boldsymbol{x}_{\mathrm{EH}},\boldsymbol{u}_{\mathrm{EH}})=0 \\ \boldsymbol{LU}_{\mathrm{h}}(\boldsymbol{x}_{\mathrm{h}},\boldsymbol{u}_{\mathrm{h}},\boldsymbol{x}_{\mathrm{EH}},\boldsymbol{u}_{\mathrm{EH}})=0 \\ \boldsymbol{F}_{\mathrm{h}}(\boldsymbol{x}_{\mathrm{h}},\boldsymbol{u}_{\mathrm{h}},\boldsymbol{x}_{\mathrm{EH}},\boldsymbol{u}_{\mathrm{EH}})=0 \\ \boldsymbol{H}_{\mathrm{h}}(\boldsymbol{x}_{\mathrm{h}},\boldsymbol{u}_{\mathrm{h}},\boldsymbol{x}_{\mathrm{EH}},\boldsymbol{u}_{\mathrm{EH}})=0 \end{cases} \tag{5-33}$$

$$\begin{cases} \boldsymbol{LX}_{\mathrm{EH}}(\boldsymbol{x},\boldsymbol{u})=0 \\ \boldsymbol{LU}_{\mathrm{EH}}(\boldsymbol{x},\boldsymbol{u})=0 \\ \boldsymbol{F}_{\mathrm{EH}}(\boldsymbol{x},\boldsymbol{u})=0 \\ \boldsymbol{H}_{\mathrm{EH}}(\boldsymbol{x},\boldsymbol{u})=0 \end{cases} \tag{5-34}$$

与对电力系统最优潮流模型求解过程类似，对综合能源系统最优能流模型的分析计算，就转化为对式(5-31)～式(5-34)四组方程组的求解。

针对综合能源系统的最优能流模型，有如下几点需要说明。

(1)最优能流分析模型往往作为很多实际优化问题的内嵌工具出现，很少单独被使用，如用于综合能源系统的运行优化(如最优经济调度、预想事故分析、预防控制措施优选等)、系统规划等场景，用其对系统可能或期望的运行状态特性进行分析。

(2)式(5-14)仅给出综合能源系统最优能流分析的通用模型，在不同应用场景下，其目标函数和约束方程会有很大不同，需结合实际应用对其进行具体化。从模型参数是否与时间相关的角度考虑，可将其大致分为两类：第一类，模型的目标函数和约束方程中不显含时间参量，这类模型主要关注综合能源系统在某一个场景或某一时刻的能流分析和优化。例如，在系统运行调度过程中，借助多能流优化分析工具，对某一时刻系统可能出现的故障场景进行分析计算，以对故障控制策略实施优化，则控制策略的优选仅依赖于系统对应场景下的变量。第二类，模型目标函数反映了系统在一段时间内的需求，则此时模型的目标函数、约束方程以及涉及的各个变量，均为时间的函数。例如，综合能源系统的日前优化调度问题，一般考虑未来一天 24h 96 点(每隔 15min)的系统运行优化；综合能源系统的规划则考虑系统在规划、建设和运行期间的投入与效益分析等。

(3)式(5-31)~式(5-34)刻画了综合能源系统不同环节的运行特性，其方程构成和特性存在显著差异，将四个式子联立求解往往较为困难。因此，在实际综合能源最优能流求解过程中，往往借鉴解耦思想，分别求解四个式子，然后再对系统的收敛条件进行检验，这种做法称为最优能流模型的分立求解法，其与在电力系统最优潮流求解过程中将有功和无功子问题实施解耦求解的过程类似，因此也可看作电力系统最优潮流模型解耦求解思路向综合能源系统的一种扩展。由此可推知，电力系统最优潮流研究领域内的一些好思路、好方法和好经验，也可为综合能源系统最优能流分析领域所借鉴。

5.3 综合能源系统多时间尺度优化调度通用模型

综合能源系统运行优化是在考虑不同能源子系统及耦合环节各类约束的前提下，通过对各个能源设备的运行状态进行优化，以使得能源系统运行于最佳状态的过程。运行优化是综合能源系统多能流优化模型的一个重要应用场景，其目标函数可根据需要选择设定，可以是单一目标也可以是多目标，不同的目标会对应不同的优化模型；此外，运行优化后的结果需经运行人员，通过设定系统运行调度方案或调整系统的运行状态加以贯彻实施。本节将借助综合能源系统的多时间尺度优化调度问题，来讨论综合能源系统多能流优化模型的应用和实现过程。优化调度属于 5.2 节中最优能流分析的第二类模型，模型的目标函数、约束方程以及涉及的各个变量，均为时间的函数。本节考虑未来一天 24h(每隔 1h)、日内(每隔 15min)以及超短期(每隔 1min)的多时间尺度系统优化调度。综合能源系统的优化调度模型可视为电力系统优化调度模型在综合能源系统中的一种扩展，为此将首先对电力系统优化调度问题进行简要回顾。

5.3.1 电力系统的优化调度模型

电力系统无论运行于传统的集中式调控模式，还是运行于电力市场场景，均需对未来一天 24h 的运行状况进行预先安排，其核心工作是在满足各类系统约束的前提下，对系统在未来一天内每个时刻发电机的开停机及其发电出力情况实施优化，保证系统在每个时刻的发电与负荷平衡。该问题常称为电力系统的机组组合优化问题(unit commitment, UC)，如下是该问题的通用模型：

$$\begin{aligned}&\min\quad \mathrm{TC}\\&\text{s.t.}\quad \boldsymbol{f}_t(\boldsymbol{x}_\mathrm{e},\boldsymbol{u}_\mathrm{e})=0\\&\qquad\ \boldsymbol{h}_t(\boldsymbol{x}_\mathrm{e},\boldsymbol{u}_\mathrm{e})\leqslant 0,\quad t=1,2,\cdots,n_\mathrm{Per}\end{aligned}\tag{5-35}$$

式中，$\boldsymbol{x}_\mathrm{e}$ 为模型的状态变量，在模型优化完成后，它将给出每个时刻每台发电机的开机状态及出力情况；$\boldsymbol{u}_\mathrm{e}$ 为模型的控制变量，取值往往由系统的运行场景所决定，如系统的负荷水平、旋转备用、安全裕度等；下标 e 表示相关变量均属于电力系统，以区别于其他能源子系统变量；$\boldsymbol{f}_t(\cdot)$ 和 $\boldsymbol{h}_t(\cdot)$ 是模型在 t 时刻需满足的等式和不等式约束，$t=1,2,\cdots,n_\mathrm{Per}$；$n_\mathrm{Per}$ 为一天被划分的时刻数，当计算周期为 15min 时，$n_\mathrm{Per}=96$；当计算周期为 1h，则 $n_\mathrm{Per}=24$；TC 为一天内系统运行成本。

在式(5-35)所示 UC 模型中，$\boldsymbol{f}_t(\cdot)$ 一般包括 t 时刻及预想事故场景下系统发电和负荷的功率平衡约束，多数情况下还包含对应场景下系统的直流潮流或交流潮流约束方程。$\boldsymbol{h}_t(\cdot)$ 则包括 t 时刻及预想事故下系统及设备的各类不等式约束，如机组启停、爬坡、出力上下限等约束，节点电压上下限约束，支路和断面功率传输极限约束，设备运行限制约束，电网安全性约束等。

式(5-35)中的总成本 TC 可表示为

$$\mathrm{TC}=\sum_{i}^{n_{\mathrm{Gen}}}\sum_{t}^{n_{\mathrm{Per}}}C_{i,t}(\boldsymbol{x}_{\mathrm{e}},\boldsymbol{u}_{\mathrm{e}}) \tag{5-36}$$

式中，n_{Gen} 为系统中发电机的总数；$C_{i,t}(\cdot)$ 为第 i 台发电机在 t 时刻对应时段(以下简称 t 时段)中的运行(或售电)成本。

在不同运行场景中，$C_{i,t}(\cdot)$ 的构成和含义不尽相同。在传统集中调控场景下，$C_{i,t}(\cdot)$ 一般反映的是发电机组在 t 时段的真实运行成本，通常由机组启停成本、发电成本(一般为其发电出力的多项式函数)、出力调节成本等共同构成；而在电力市场运行模式下，$C_{i,t}(\cdot)$ 则代表第 i 台发电机在 t 时段的报价函数，需在综合权衡该机组自身运行状况、运行成本及机组所属发电商的市场交易策略(如参与正常售电、参与辅助服务、策略性报价等)基础上确定，尽管与发电机运行成本相关，但往往并不反映其真实成本。因此，在集中调控场景下，一旦 UC 模型求解完成后，每一台发电机在各时段的出力即确定，$C_{i,t}(\cdot)$ 和 TC 也随即确定。而在电力市场场景下，在 UC 模型求解完成后，还需首先确定每个时段的市场出清价格(marginal clearing price, MCP)，只有得到 MCP 后，才能确定 $C_{i,t}(\cdot)$ 和 TC 的最终结果；此时的 $C_{i,t}(\cdot)$ 由机组出力与对应时段的市场出清价格所确定，并非发电机组的真实运行成本。同样，在电力市场场景下，式(5-35)所示 UC 模型中的等式约束 $\boldsymbol{f}_t(\cdot)$，不仅需要考虑未来一天内各时段系统的功率平衡约束，还需要考虑市场长期交易合约等等式约束。

在 UC 模型的状态变量 $\boldsymbol{x}_{\mathrm{e}}$ 中，既包含机组启停结果，也包含机组出力结果，前者需由 0/1 整数变量表示，而后者需由连续变量表示，这使得该模型成为典型的混合整数优化模型。此外，UC 模型的等式和不等式约束方程不仅维数高，还常存在非线性、不可微、分段不连续等情况；同时，考虑到机组启停受其最短开机/停机时长制约，水电机组出力受水库库容限制以及水库梯级调度策略影响，储能荷电状态(SOC)受电池充放电过程影响，电力系统暂态稳定约束需考虑故障的动态演进过程等因素，UC 约束方程可能存在时间相依或动态约束情况，这大大增加了其求解难度，使得有关电力系统 UC 模型的高效精确求解，始终是电力系统运行优化领域的一个研究热点。

5.3.2　综合能源系统的优化调度模型

如前所述，综合能源系统的优化调度模型，可考虑为电力系统优化调度模型的一种扩展，其通用模型如下：

$$\begin{aligned}&\min\quad \mathrm{TC}\\&\mathrm{s.t.}\quad \boldsymbol{F}_t(\boldsymbol{x},\boldsymbol{u})=0\\&\qquad\ \boldsymbol{H}_t(\boldsymbol{x},\boldsymbol{u})\leqslant 0,\quad t=1,2,\cdots,n_{\mathrm{Per}}\end{aligned} \tag{5-37}$$

式中，TC 的含义同式(5-35)，为未来一天内系统的总成本；$\boldsymbol{x}$、$\boldsymbol{u}$ 的含义见式(5-15)和式(5-16)，为状态变量和控制变量；$\boldsymbol{F}_t=[\boldsymbol{F}_{\mathrm{e}}(\boldsymbol{x},\boldsymbol{u};t);\boldsymbol{F}_{\mathrm{g}}(\boldsymbol{x},\boldsymbol{u};t);\boldsymbol{F}_{\mathrm{h}}(\boldsymbol{x},\boldsymbol{u};t);\boldsymbol{F}_{\mathrm{EH}}(\boldsymbol{x},\boldsymbol{u};t)]$，$\boldsymbol{H}_t=[\boldsymbol{H}_{\mathrm{e}}(\boldsymbol{x},\boldsymbol{u};t);\boldsymbol{H}_{\mathrm{g}}(\boldsymbol{x},\boldsymbol{u};t);\boldsymbol{H}_{\mathrm{h}}(\boldsymbol{x},\boldsymbol{u};t);\boldsymbol{H}_{\mathrm{EH}}(\boldsymbol{x},\boldsymbol{u};t)]$ 分别为综合能源系统在 t 时段需满足的等式约束和不等式约束，由电力、燃气、热力子系统及耦合环节的对应约束方程构成。

可以看出，式(5-37)和式(5-35)两个优化模型具有相似形式，只是后者涉及的环节和变量多一些。需要注意，式(5-37)是综合能源系统优化调度的通用模型，在针对具体系统和不同时间尺度具体优化目标时，需对式中的目标函数和约束方程进行具体化。这里给出一个简单的应用场景：对于一个园区综合能源系统，其优化调度的目的，是在供能网络的能源价格确定后，通过对所辖设备运行状态和运行方式实施优化，以获得更好经济性、更高安全性、更佳运行效率等目标的过程。此时式(5-37)中TC指系统的用能(或购能)成本，故可表示为

$$\mathrm{TC}=\sum_{k=\mathrm{e,g,h}}\sum_{t=1}^{n_{\mathrm{Per}}}p_{k,t}\cdot Q_{k,t} \tag{5-38}$$

式中，$p_{k,t}$、$Q_{k,t}$ 分别为综合能源系统在第 t 时段的第 k 种能源购买价格和购买量；$p_{k,t}$ 的取值由综合能源系统所联上级供能网络给定，在市场运行场景下对应于系统发布的日前出清价格，在传统运行模式下则为预先给定值；$k=\mathrm{e,g,h}$ 分别为电力、燃气和热力三类能源。

5.4　含多元储能的综合能源系统多时间尺度优化调度

在综合能源系统中，电、气、热多能互补与各能量环节协调可引入一定的灵活性来解决综合能源系统中运行与控制相关问题；储能则是提高综合能源系统经济性、供能稳定性、灵活性、系统综合能效等诸多方面的重要手段。为此，本节设置一个含多元储能的电力-天然气耦合综合能源系统算例，来对最优能流和多时间尺度优化调度方法进行进一步说明。

5.4.1　储能优化调度模型

储能的应用可提高综合能源系统运行的经济性，但其优化调度的难点是如何处理能量约束的问题，需要考虑储能系统在一个调度周期内的能量平衡。

本节所考虑的储能，主要指以蓄电池(battery energy storage, BES)为主的电储能资源。电储能具备良好的动态响应特性，其快速调节特点与储蓄能力可实现能量在时间尺度上的转移，是提高综合能源系统运行优化水平的有力支撑。电储能由多个储能单元构成，荷电状态(SOC)是评估储能能量水平的重要指标，其具有一定的时间延续性，即某一时刻的SOC与其相邻时刻的SOC均相关，如式(5-39)～式(5-41)所示。为避免储能单元的过充与过放，限定其SOC满足如式(5-42)与式(5-43)所示的运行约束。此外，通过进行一定的合理假设，即储能单元的损耗只发生在充放电时刻，则其在某一运行周期内的初始SOC应等同于末时刻的SOC，即在一个调度周期内要保持能量平衡，如式(5-44)所示。

$$S_{\mathrm{SOC}\_k}(t)-S_{\mathrm{SOC}\_k}(t-\Delta t)=\Delta S_{\mathrm{SOC}\_k}(t) \tag{5-39}$$

$$\overline{\Delta S_{\mathrm{SOC}\_k}}=P_{k,\mathrm{C}}^{\mathrm{CES}}\eta_{k,\mathrm{C}}\Delta t/W_{k,\mathrm{rated}}^{\mathrm{CES}} \tag{5-40}$$

$$\underline{\Delta S_{\mathrm{SOC}\_k}}=P_{k,\mathrm{D}}^{\mathrm{CES}}\Delta t/(W_{k,\mathrm{rated}}^{\mathrm{CES}}\eta_{k,\mathrm{D}}) \tag{5-41}$$

$$\underline{\Delta S_{\mathrm{SOC}\_k}}\leqslant\Delta S_{\mathrm{SOC}\_k}(t)\leqslant\overline{\Delta S_{\mathrm{SOC}\_k}} \tag{5-42}$$

$$\underline{S_{\mathrm{SOC}\_k}}\leqslant S_{\mathrm{SOC}\_k}(t)\leqslant\overline{S_{\mathrm{SOC}\_k}} \tag{5-43}$$

$$S_{\mathrm{SOC}\_k}(0)=S_{\mathrm{SOC}\_k}(T) \tag{5-44}$$

式中，k 为电储能中储能单元个数；$S_{\mathrm{SOC}\_k}(t)$ 为 t 时刻第 k 个储能单元的 SOC 值；$\Delta S_{\mathrm{SOC}\_k}(t)$ 为 t 时刻第 k 个储能单元的 SOC 变化量；$\overline{\Delta S_{\mathrm{SOC}\_k}}$、$\underline{\Delta S_{\mathrm{SOC}\_k}}$ 分别为第 k 个储能单元的能量状态 SOC 变化上、下限；$P_{k,\mathrm{C}}^{\mathrm{CES}}$、$P_{k,\mathrm{D}}^{\mathrm{CES}}$ 分别为第 k 个储能单元的充、放电功率；$\eta_{k,\mathrm{C}}$、$\eta_{k,\mathrm{D}}$ 分别为第 k 个储能单元的充、放电效率；$W_{k,\mathrm{rated}}^{\mathrm{CES}}$ 为第 k 个储能单元的额定容量；$\overline{S_{\mathrm{SOC}\_k}}$、$\underline{S_{\mathrm{SOC}\_k}}$ 分别为第 k 个储能单元的 SOC 上、下限；$S_{\mathrm{SOC}\_k}(0)$、$S_{\mathrm{SOC}\_k}(T)$ 分别为第 k 个储能单元的始、末能量状态。

5.4.2　能源集线器优化调度模型

能源集线器是分析能量流交互特性的重要工具，通过构建分配系数与能源耦合矩阵，可对能源的输入与输出进行抽象化数学表征。本书 3.4.3 节中给出了综合能源系统多能耦合环节的能量集线器模型。对于能源耦合环节，若定义电力流入为“充电”状态，则电力流出，向其他能量环节供电为“放电”状态；对于这种能量双向流动的特点，本节可将之与储能进行类比，融入综合能源系统的日前优化调度模型。本节进一步构建了双向能源集线器(bi-directional energy hub, BEH)，如图 5-1 所示，其中，电力电子技术为电力潮流的双向流动提供了保障。

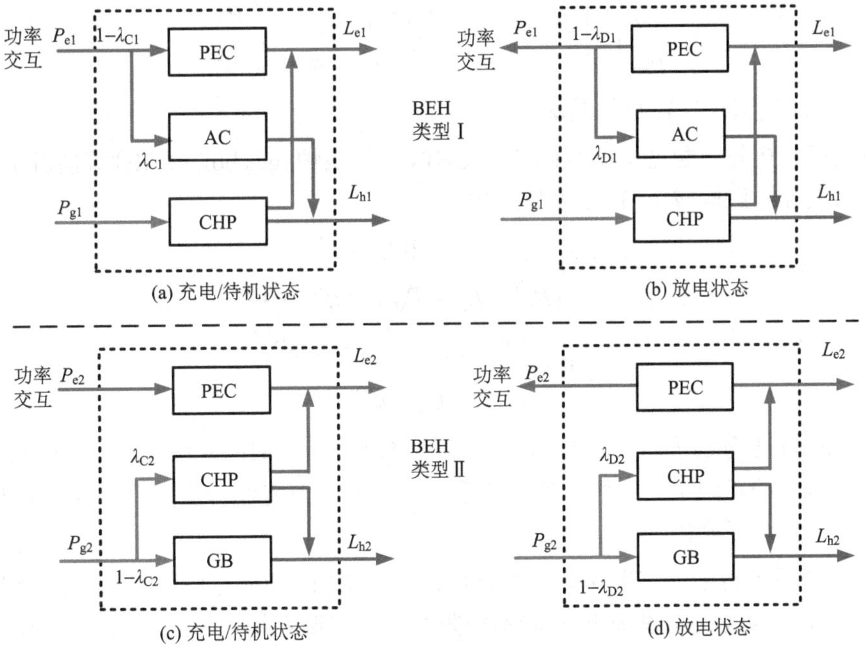

图 5-1　双向能源集线器 BEH 示意图

对 BEH 模型的分析是探讨能量流双向流动特性，支撑综合能源系统日前优化调度的重要基础，具体来说，以图 5-1 中 BEH 类型 I 为例，空调系统(air conditioning, AC)与 CHP 系统可分别进行电-热转换与气-电/气-热转换。P_{e} 与 P_{g} 分别表示 BEH 的电力与天然气输入功率，L_e 与 L_h 分别表示其电力与热力需求。η_{CHP}^{e} 与 η_{CHP}^{h} 分别表示 CHP 的气转电与气转热效率；η^{AC} 为 AC 电转热效率。当 BEH 处于充电状态时，电力与天然气一同供应负荷需求，为表征能源分配关系，定义 λ_{C1} 为充电状态下的分配系数，即 $P_{e1}\lambda_{C1}$ 为流经 AC 的电力。当 L_{e1} 与 L_{h1} 之比等于 CHP 的热电比(heat-to-power ratio)时，配气系统可独自供应电力与热力需求，此时 BEH 处于待机状态，即 P_{e1} 为 0。当天然气出力增加时，CHP 产生的电力在满足 L_{e1} 的基础上，可通过电力电子转换器(power electronic converter, PEC)向配电系统送电，即 P_{e1} 为负；此时 λ_{D1} 为放电状态下的分配系数。BEH 类型 I 在充电/待机状态与放电状态下的能量平衡方程如式(5-45)与式(5-46)所示：

$$\begin{bmatrix} L_{e1} \\ L_{h1} \end{bmatrix} = \begin{bmatrix} 1-\lambda_{C1} & \eta_{CHP}^{e} \\ \lambda_{C1}\eta^{AC} & \eta_{CHP}^{h} \end{bmatrix} \begin{bmatrix} P_{e1} \\ P_{g1} \end{bmatrix} \tag{5-45}$$

$$\begin{bmatrix} L_{e1} \\ L_{h1} \end{bmatrix} = \begin{bmatrix} -1/(1-\lambda_{D1}) & \eta_{CHP}^{e} \\ -\lambda_{D1}\eta^{AC}/(1-\lambda_{D1}) & \eta_{CHP}^{h} \end{bmatrix} \begin{bmatrix} P_{e1} \\ P_{g1} \end{bmatrix} \tag{5-46}$$

相似地，BEH 类型 II 在充电/待机状态与放电状态下的能量平衡方程如式(5-47)与式(5-48)所示：

$$\begin{bmatrix} L_{e2} \\ L_{h2} \end{bmatrix} = \begin{bmatrix} 1 & \lambda_{C2}\eta_{CHP}^{e} \\ 0 & (1-\lambda_{C2})\eta^{GB} + \lambda_{C2}\eta_{CHP}^{h} \end{bmatrix} \begin{bmatrix} P_{e2} \\ P_{g2} \end{bmatrix} \tag{5-47}$$

$$\begin{bmatrix} L_{e2} \\ L_{h2} \end{bmatrix} = \begin{bmatrix} -1 & \lambda_{D2}\eta_{CHP}^{e} \\ 0 & (1-\lambda_{D2})\eta^{GB} + \lambda_{D2}\eta_{CHP}^{h} \end{bmatrix} \begin{bmatrix} P_{e2} \\ P_{g2} \end{bmatrix} \tag{5-48}$$

式中，η^{GB} 为燃气锅炉气转热的效率。

上述能源转换与分配过程的基础在于 CHP、燃气锅炉(gas boiler, GB)等能源耦合组件，这些组件的运行约束构成了 BEH 模型的出力边界，即

$$\text{类型 I}\begin{cases} P_{e1}^{lb} = L_{e1} - P_{CHP}^{e,max} + k^{lb} \\ P_{e1}^{ub} = L_{e1} + P_{AC}^{e,max} / \eta^{AC} + k^{ub} \end{cases} \tag{5-49}$$

$$\text{类型 II}\begin{cases} P_{e2}^{lb} = L_{e2} - P_{CHP}^{e,max} + k^{lb} \\ P_{e2}^{ub} = L_{e2} + k^{ub} \end{cases} \tag{5-50}$$

式中，上标 lb 与 ub 分别表示下边界与上边界；$P_{CHP}^{e,max}$ 表示 CHP 出力上限；k 表征能流运行状态对 P_e 影响的校正因子。例如，当配气系统有新的压力需求，使得天然气出力无法满足预期大小时，P_e 将受到影响。

BEH 的本质是将多能流考虑为一个整体，使得 BEH 功率充放的问题转化为不同用能种类选取的问题，可以看出能源的存储不局限在单一能源系统之中。由此，基于 BEH 模型，多能转换带来的存储效应可被量化分析，使其服务于系统经济稳定运行。值得一提的是，上述能量流分析方法以通用的能量集线器模型为基础，具有一定的普适性与可扩展性。

5.4.3　虚拟储能优化调度模型

本节所考虑的虚拟储能资源(VES)，主要指综合能源系统中具有良好互动特性的电力

可控柔性负荷，包括温控负荷与电动汽车(EV)等。通过施加合理的控制策略，可使上述资源呈现出类似储能的充放电功能，参与综合能源系统日前优化调度。

本节选取热泵(heat pump, HP)与中央空调(CAC)两种典型温控负荷进行研究。此外，随着交通电气化的发展，EV 在用户终端负荷的占比逐年提高，也是本节分析的重点。

1. 典型 VES 动态机理模型

上述三种可控资源的物理机理不同，存在多种运行状态，设定其运行状态数目为 H，则 VES 运行状态可表示为

$$\boldsymbol{E}=(E_1,E_2,\cdots,E_{\mathrm{o}},\cdots,E_H) \tag{5-51}$$

式中，$E_1,E_2,\cdots,E_{\mathrm{o}},\cdots,E_H$ 为所研究的 VES 运行状态。以运行状态 E_{o} 为例，其动态机理模型如式(5-52)所示：

$$R_{\mathrm{o}}^{t+\Delta t}=f(\mathrm{TP}_{m_1},\cdots,\mathrm{TP}_{m_n},\cdots,\mathrm{TP}_{M_N},Q_{m_1}^t,\cdots,Q_{m_n}^t,\cdots,Q_{M_N}^t,F_{m_1}^t,\cdots,F_{m_n}^t,\cdots,F_{M_N}^t) \tag{5-52}$$

式中，t 为当前研究时刻；M 为 VES 类型，主要包括 HP、EV、CAC 三类；N 为每类 VES 负荷响应数目；m_n 为 m 类 VES(HP 或 EV 或 CAC)的第 n 个响应负荷；$R_{\mathrm{o}}^{t+\Delta t}$ 为 $t+\Delta t$ 时刻运行状态 E_{o} 的物理模型；$\mathrm{TP}_{m_1},\cdots,\mathrm{TP}_{m_n},\cdots,\mathrm{TP}_{M_N}$ 为反映 VES 物理特性的相关参数；$Q_{m_1}^t,\cdots,Q_{m_n}^t,\cdots,Q_{M_N}^t$ 为 t 时刻 VES 关键运行参数；$F_{m_1}^t,\cdots,F_{m_n}^t,\cdots,F_{M_N}^t$ 为 t 时刻 VES 的控制运行变量。

2. 典型 VES 非电量-电量耦合模型

VES 的聚合功率与可控负荷的额定功率及其运行控制变量相关，后者往往由设备关键运行参数及其前后时刻运行状况共同决定。一般来说，设备关键运行参数与其功率消耗具有一一对应的关系。以运行模式 E_{o} 为例，由关键运行参数构成的“非电量-电量”耦合模型如式(5-53)所示：

$$P_{m_n}=r(F_{m_n},P_{m_n,\mathrm{rated}},\eta_{m_n}) \tag{5-53}$$

式中，P_{m_n}、F_{m_n}、$P_{m_n,\mathrm{rated}}$、η_{m_n} 分别为 m 类 VES(HP 或 EV 或 CAC)第 n 个响应负荷的运行功率、运行控制变量、额定功率、负荷效率因数。F_{m_n} 可由式(5-54)确定：

$$F_{m_n}^{t+\Delta t}=\begin{cases}U, & Q_{m_n}^t\leqslant Q_{m_n,-}^t\\ V, & Q_{m_n}^t\geqslant Q_{m_n,+}^t\\ F_{m_n}^t, & \text{其他}\end{cases} \tag{5-54}$$

式中，$Q_{m_n,+}^t$、$Q_{m_n,-}^t$ 为 t 时刻 m 类 VES 第 n 个响应负荷关键运行参数的上、下限；U、V 为该负荷的运行状态。

基于 VES“非电量-电量”耦合模型，通过控制和调节负荷中与运行状态紧密相关的非电参数，可以影响可控负荷的功率消耗，进而实现响应目标。典型 VES 关键运行参数与耦合变量如表 5-1 所示。

表 5-1 典型 VES 关键运行参数与耦合变量

名称	TP_{m_n}	$Q_{m_n}^t$	$F_{m_n}^t$	U，V
HP	相关建筑、热力学参数	室内温度	开关状态	关-0；开-1
EV	能量状态	能量状态 能量状态边界	充电状态	闲置-0；充电-1
CAC	相关建筑、热力学参数	室内温度	负载率	制热状态-高负载率 非制热状态-低负载率

3. VES 运行特性

下面具体分析 VES 中可控负荷的运行特性，以 HP 为例，其所处室内温度与功率消耗具有对应的热电耦合关系，单台 HP 的运行特性如图 5-2(a)所示，其中，τ_{on} 表示 HP 处于开启状态；τ_{off} 表示 HP 处于关闭状态。与 HP 相类似，CAC 所处的室内温度和其消耗功率具有相似的热电耦合关系，其运行特性如图 5-2(b)所示，其中，τ_{on} 表示 CAC 处于工作状态；τ_{idle} 表示 CAC 处于闲置状态。对于 EV，将其充电轨迹与 HP 温度曲线进行类比，定义第 k 辆 EV 在 t 时刻的充电状态为 n_k^t，其转化过程与 EV 能量状态值 ε_k^t 相关：当 ε_k^t 小于能量状态下限时，EV 处于充电状态，$n_k^t=1$；当 ε_k^t 大于能量状态上限时，电动汽车处于闲置状态，$n_k^t=0$。当 EV 充电状态改变时，所消耗的功率也随之变化，由此，可通过改变 EV 充电状态来控制 EV 的功率消耗，如图 5-2(c)所示，其中，τ_{charge} 表示 EV 处于充电状态；τ_{idle} 表示 EV 处于闲置状态。

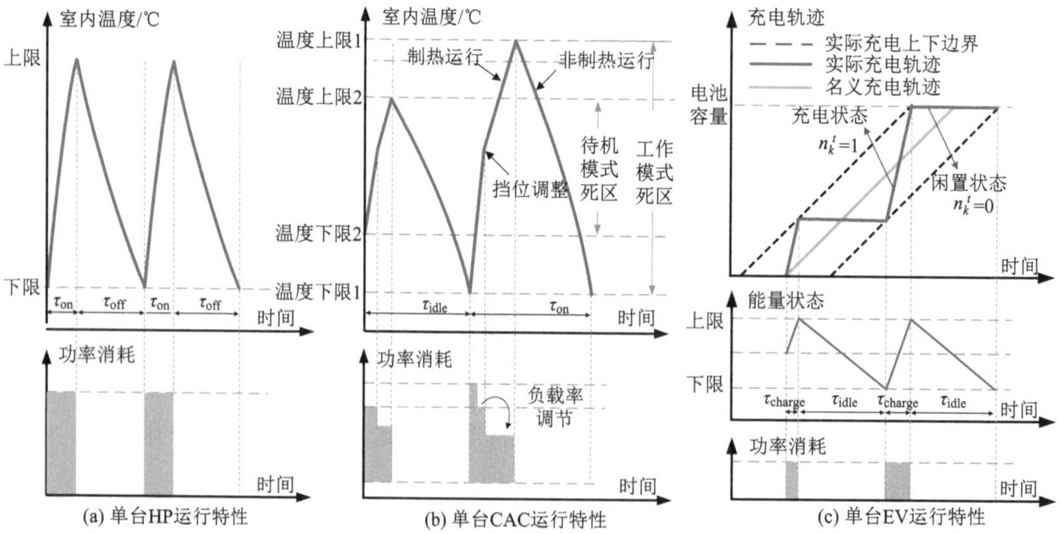

图 5-2 VES 单体运行特性

5.4.4　多时间尺度优化调度模型

1. 日前优化调度模型

本节以电力-天然气综合能源系统的小时级日前优化调度为例来进行说明。通过调用各类 VES 资源，使日运行成本最低。日前优化调度的目标函数为

$$\begin{aligned}\min C_{\text{cost}} &= \sum_{t=1}^{T}(C_{\text{EPS},t}+C_{\text{NGS},t}+C_{\text{BEH},t}) \\ &= \sum_{t=1}^{T}(\pi_{\text{e-buy},t}P_{\text{EPS},t}+\pi_{\text{g},t}P_{\text{NGS},t}+C_{\text{BEH},t}), \quad \forall t\in T\end{aligned} \tag{5-55}$$

$$C_{\text{BEH},t}=\frac{\pi_{\text{e-buy},t}+\pi_{\text{e-sell},t}}{2}P_{\text{e},t}+\frac{\pi_{\text{e-buy},t}-\pi_{\text{e-sell},t}}{2}\left|P_{\text{e},t}\right|+\pi_{\text{g},t}P_{\text{g},t} \tag{5-56}$$

式中，C_{cost} 为日前调度阶段每天的运行成本；$C_{\text{EPS},t}$、$C_{\text{NGS},t}$、$C_{\text{BEH},t}$ 分别为 t 时刻配电系统购电总成本、配气系统购气总成本以及 BEH 购电与购气总成本；$\pi_{\text{e-buy},t}$ 为 t 时刻的购电价格；$\pi_{\text{e-sell},t}$ 为 t 时刻 BEH 售电的价格；$\pi_{\text{g},t}$ 为 t 时刻天然气的价格；$P_{\text{EPS},t}$ 为 t 时刻配电系统消耗电功率总和；$P_{\text{NGS},t}$ 为 t 时刻配气系统消耗天然气功率总和；$P_{\text{e},t}$ 为 t 时刻 BEH 与配电系统交互的电功率；$P_{\text{g},t}$ 为 t 时刻 BEH 与配气系统交互的天然气功率；T 为日前优化调度的 24 个时间段。

该优化问题的约束条件主要包括能量流约束与 BEH 约束两个部分，其中，能量流约束如第 3 章中式(3-29)所示。

为保障综合能源系统的安全运行，$\boldsymbol{x}_{\text{e}}$ 与 $\boldsymbol{x}_{\text{g}}$ 还需满足其相关运行约束，即

$$\boldsymbol{x}_{\text{e\_min}}<\boldsymbol{x}_{\text{e}}<\boldsymbol{x}_{\text{e\_max}} \tag{5-57}$$

$$\boldsymbol{x}_{\text{g\_min}}<\boldsymbol{x}_{\text{g}}<\boldsymbol{x}_{\text{g\_max}} \tag{5-58}$$

式中，$\boldsymbol{x}_{\text{e\_max}}$ 与 $\boldsymbol{x}_{\text{e\_min}}$ 分别表示配电系统运行约束上、下限；$\boldsymbol{x}_{\text{g\_max}}$ 与 $\boldsymbol{x}_{\text{g\_min}}$ 分别表示配气系统运行约束上、下限。

对于 BEH，其需满足式(5-45)～式(5-48)所示的能量平衡方程，以及式(5-49)与式(5-50)所示的 BEH 出力边界。

此外，BEH 各可控单元的出力均需满足其自身容量约束，即

$$P_{\text{eq}}^{\min}\leqslant P_{\text{eq}}\leqslant P_{\text{eq}}^{\max}, \quad \text{eq}\in\{\text{AC},\text{CHP},\text{GB}\} \tag{5-59}$$

2. 日间优化调度模型

由于可再生能源与负荷预测数据在时间尺度与预测精度上的不同，日间优化调度主要通过 BEH 与 BES 可调资源，对上级预测形成的偏差进行平抑，使综合能源系统的联络线功率与日前计划偏差最小。天然气系统管道管存可作为短期的天然气存储措施，具有一定的调节能力，可在一定程度上平抑其负荷的波动，进而提高配气系统的安全性与可靠性；相对地，配电系统对负荷波动较为敏感。由此，本书主要关注电力环节的联络线功率波动，对天然气环节主要关注其管道流量与节点压力等静态安全约束，其优化目标为

$$\min\left\{\sum_{t}^{T'}\left[P_{\mathrm{ex},t}-P_{\mathrm{ex},t}^{\mathrm{set}}\right]^2\right\},\quad \forall t\in T' \tag{5-60}$$

式中，$P_{\mathrm{ex},t}^{\mathrm{set}}$ 为日前经济调度在 t 时刻的联络线功率值；$P_{\mathrm{ex},t}$ 为日间短期状态下 t 时刻的联络线功率值；取时间间隔为 15min，则 T' 为日间优化调度的 96 个时间段。

考虑到本节所讨论的 CHP、AC、GB 等系统具有较快的响应特性，其构成的 BEH 亦可应用在日间优化调度，此时，其约束条件与日前阶段类似。应用 BES 资源可以进一步弥补由日前与日间预测偏差造成的联络线功率差额，此时，其约束包括式(5-39)～式(5-44)的相关内容。

3. 超短期优化调度模型

为应对超短期范畴内可再生能源与负荷的非规律性变化，调用 VES 可实现对优化目标的良好响应。BES 与 BEH 可控资源受限于其固有响应特性，不适用于超短期优化调度场景；相对地，通过对需求侧可控负荷构成的 VES 有效聚合与管理，VES 表现出的灵活性较适合超短期调度场景。超短期优化调度的目标是与日前调度的联络线功率保持一致：

$$\min\left\{\sum_{t''}^{T''}\left[P_{\mathrm{ex},t''}-P_{\mathrm{ex},t''}^{\mathrm{set}}\right]^2\right\},\quad \forall t''\in T'' \tag{5-61}$$

式中，$P_{\mathrm{ex},t''}^{\mathrm{set}}$ 为日前经济调度在 t'' 时刻的联络线功率值；$P_{\mathrm{ex},t''}$ 为超短期实时状态下 t'' 时刻的联络线功率值；超短期调度以 1min 为时间间隔，即 T'' 为 1440 个时间段。

超短期优化调度的约束主要体现在 VES 的调节量需在其最大可调节范围之内，具体来说，考虑系统中共有 S 个节点具有可调负荷集群，需求响应控制策略的应用可使其聚合为 VES；选取其中节点 σ 为研究对象，设定 t 时刻节点 σ 的 VES 出力为 $P_{\mathrm{D},\sigma}^{t}$，则此时约束条件如下：

$$\sum_{m=1}^{M}\sum_{n=1}^{N}P_{\mathrm{down},\sigma}^{m_n,t}\leqslant P_{\mathrm{D},\sigma}^{t}\leqslant\sum_{m=1}^{M}\sum_{n=1}^{N}P_{\mathrm{up},\sigma}^{m_n,t} \tag{5-62}$$

式中，M 为 VES 类型(包括 HP、EV、CAC 三类)；N 为每类 VES 的负荷响应数目；m_n 为 m 类 VES(HP 或 EV 或 CAC)的第 n 个响应负荷；式(5-62)首末两项为节点 σ 在 t 时刻的 VES 群体负荷可调节量上、下限；$P_{\mathrm{D},\sigma}^{t}$ 为节点 σ 在 t 时刻的需求侧可控负荷可调节量。

为进一步确定各节点 VES 中 HP、EV 与 CAC 三种可控负荷参与优化调度计划的比例，本节以可控资源节点控制成本最低为优化目标，对参与需求响应的可调负荷进行最优分配，即

$$\min\left(\sum_{m=1}^{M}C_m\cdot\beta_m^t\cdot\left|P_m^{t-1}-P_{m,\mathrm{tar}}^{t}\right|\right) \tag{5-63}$$

式中，C_m 为第 m 类(HP、EV 或 CAC)VES 的控制成本单价；β_m^t 为评估不同 VES 参与优化调控适应程度的参数；P_m^{t-1} 为 $t-1$ 时刻第 m 类 VES 的功率；$P_{m,\mathrm{tar}}^{t}$ 为 t 时刻分配给第 m

类 VES 的响应目标值。

$$\beta_m^t = \begin{cases} \dfrac{P_{m,\mathrm{up}}^t - P_{m,\mathrm{tar}}^t}{P_{m,\mathrm{up}}^t - P_{m,\mathrm{down}}^t} + \varepsilon_{m,\mathrm{down}}, & \text{负荷削减} \\ \dfrac{P_{m,\mathrm{tar}}^t - P_{m,\mathrm{down}}^t}{P_{m,\mathrm{up}}^t - P_{m,\mathrm{down}}^t} + \varepsilon_{m,\mathrm{up}}, & \text{负荷提升} \end{cases} \tag{5-64}$$

式中，$P_{m,\mathrm{up}}^t$、$P_{m,\mathrm{down}}^t$ 分别为 t 时刻第 m 类 VES 可调节功率的上、下限；$\varepsilon_{m,\mathrm{up}}$、$\varepsilon_{m,\mathrm{down}}$ 为初始化设定常数，保证 β_m^t 始终为正值。由此亦可得出，参数 β_m^t 越小，其对应的 VES 越适合承担更多的功率调节量。

式(5-64)对应的优化问题需考虑不同类型可控负荷出力的上、下限，则其约束条件可表述为

$$\begin{cases} P_{m,\mathrm{down}}^t \leqslant P_{m,\mathrm{tar}}^t \leqslant P_m^{t-1}, & \text{负荷削减} \\ P_m^{t-1} \leqslant P_{m,\mathrm{tar}}^t \leqslant P_{m,\mathrm{up}}^t, & \text{负荷提升} \end{cases} \tag{5-65}$$

考虑到参与超短期优化调度的不同 VES 运行机理各不相同，为实现对不同响应个体的合理通用化控制，并保障其用户舒适度，本节关注可控负荷关键运行参数，将其整合为综合序列化指标，应用基于参数序列化的需求侧响应控制策略，实现对 VES 的精细化调控。不同类型负荷集群的序列化参数、关键参数、运行控制变量以及分群情况各不相同，其具体参数详见表 5-1。

这种基于参数序列化的需求响应控制策略总体思路：首先，在可控负荷最小控制周期内，根据负荷运行状态对响应群体进行分群；其次，提取可控负荷关键运行参数，对其整合并形成综合序列化参数；在此基础上，结合综合序列化参数对可控负荷进行优先级排序，实现对响应群体的筛选；最后，调节响应群体的各个运行控制变量，实现对可控负荷群体的需求响应控制。

4. *优化调度算法*

在算法实现方面，本节利用一种多时间尺度内嵌粒子群(PSO)寻优的分层优化调度算法，主要分为以下 4 个步骤，如图 5-3 所示。

步骤一：采集外界环境、能源价格、可再生能源与负荷预测数据等相关信息，并对综合能源系统与多元储能数据和粒子群(PSO)算法进行初始化设置；

步骤二：针对日前、日间、超短期三种不同场景，设置相应优化调度目标，在多元储能综合建模基础上，进行日前优化调度研究，对电力与天然气能量流进行最优分配，并形成相应的调度指令；

步骤三：结合能源预测数据与日前优化调度结果，在集中层对多元储能不同类别的可控资源进行聚合，进行日间优化调度与超短期优化调度研究，在保障综合能源系统经济稳定运行的同时，实现对联络线功率偏差的调整，并依此形成最优运行点，传送至设备层；

步骤四：响应集中层传递的最优运行点信号，对可控设备进行筛选与控制，根据多元

储能可控设备运行情况判断优化调度指令是否满足其运行状态约束，若满足，则输出全局最优解，并生成基于多元储能的综合能源系统优化调度方案；若不满足约束，则通过运行信息监采环节传递至系统层进行相应的修正。

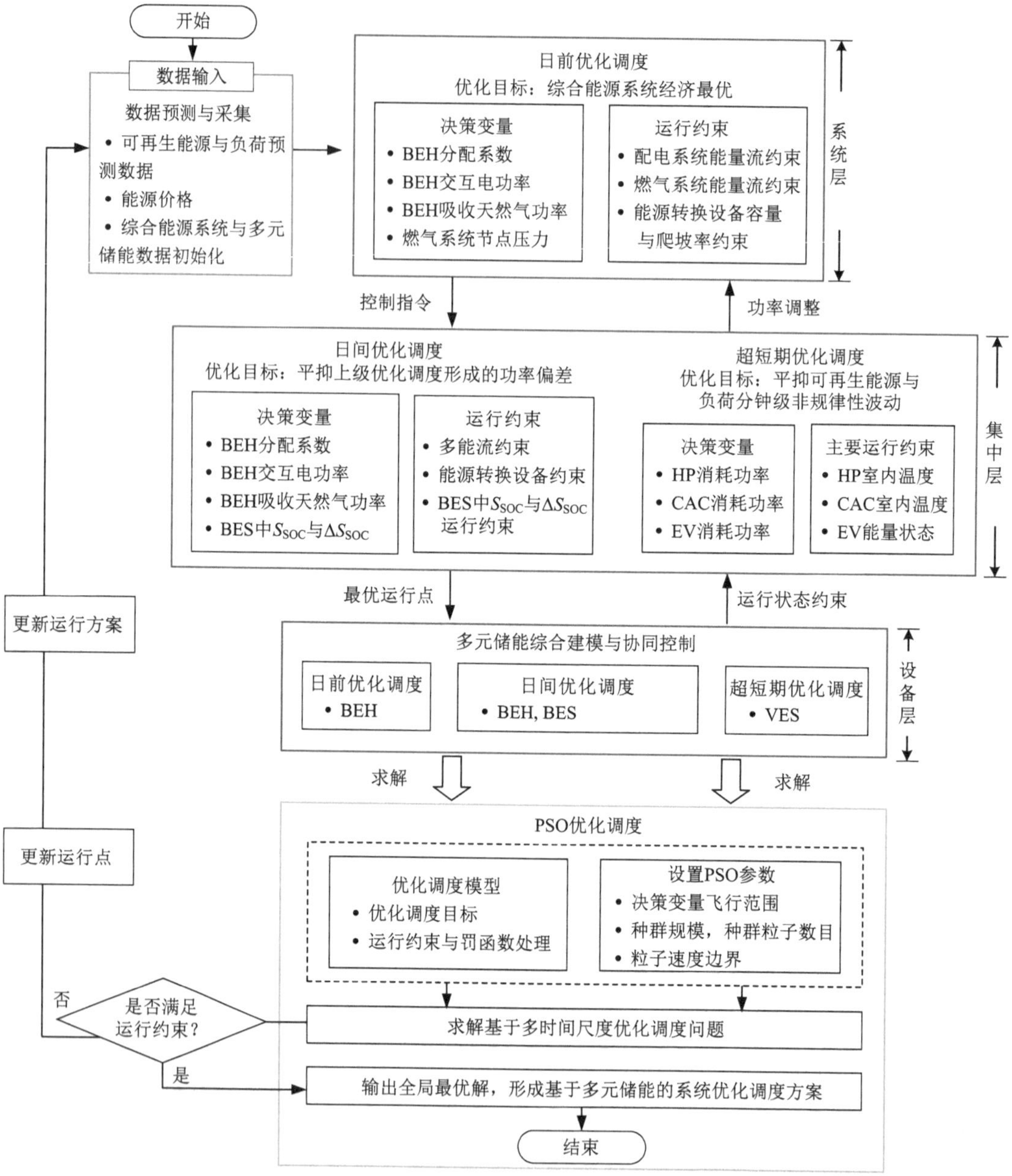

图 5-3　多时间尺度分层优化调度算法示意图

5.4.5　算例分析

为对本节所提出的日前优化调度策略进行研究，选取某城市区域进行算例验证，该区域的电力、天然气与热力需求由综合能源系统供应，该系统主要由 IEEE 37 节点配电系统(EPS)与 11 节点低压配气系统(NGS)耦合而成，气源点压力为 75mbar，如图 5-4 所示。该区域负荷由常规负荷与耦合型负荷两种共同组成，常规负荷以工业用能为主，用能水平较为稳定，由电力或天然气直接供应；耦合型负荷主要包括居民区与商业区负荷，其业态特性与用能需求较为多样，能源供应选择较为灵活多样。

本算例主要利用多元储能可调资源对该综合能源系统进行日前优化调度分享，包括 BES、BEH、VES 三种类别，其中，BEH 类型 I 接入负荷业态丰富的 EPS-728 与 NGS-N3 节点，BEH 类型Ⅱ接入 EPS-724 节点以及 NGS-N4 节点，BES 接入 EPS-731 与 EPS-732 节点，VES 接入 EPS-712、EPS-713、EPS-720、EPS-735 节点，如图 5-4 所示，各节点所对应 VES 资源，如图 5-5 所示。

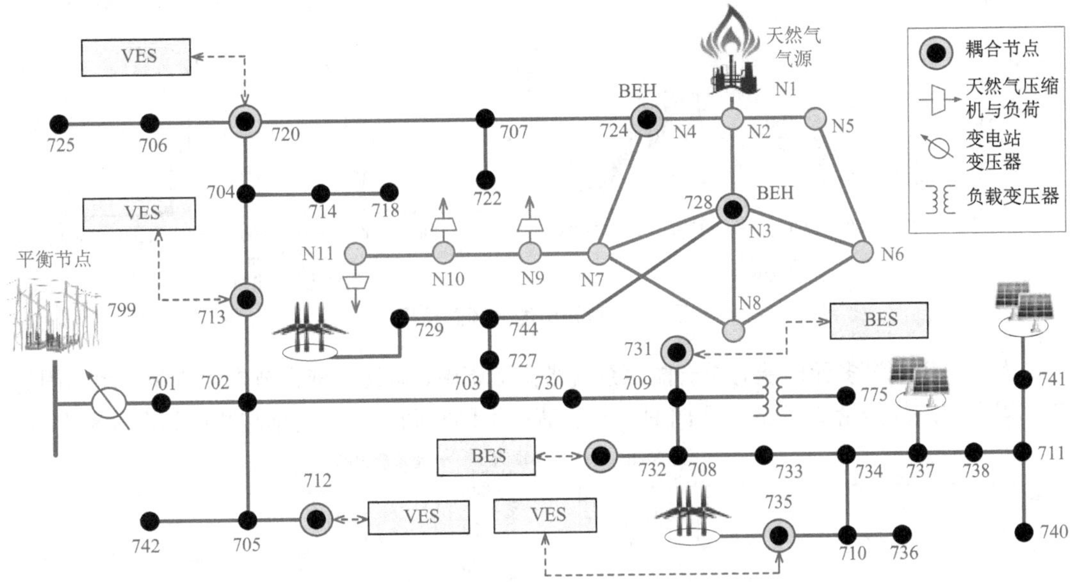

图 5-4　含多元储能的综合能源系统网络拓扑图

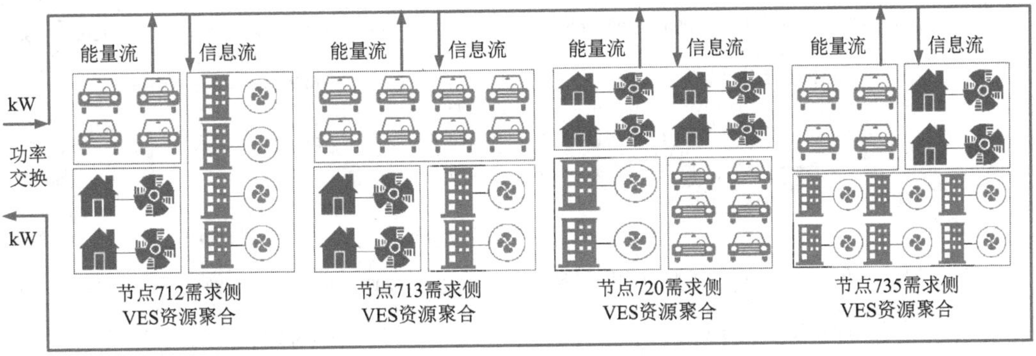

图 5-5　VES 资源示意图

算例采用的电力与天然气价格如图 5-6 所示。在日前(小时级)、日间(15min 级)以及超短期(分钟级)不同时间尺度下，可再生能源的预测结果如图 5-7 所示。

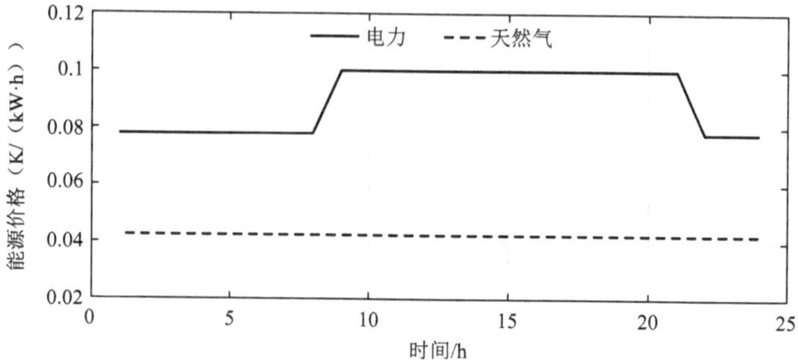

图 5-6　能源价格

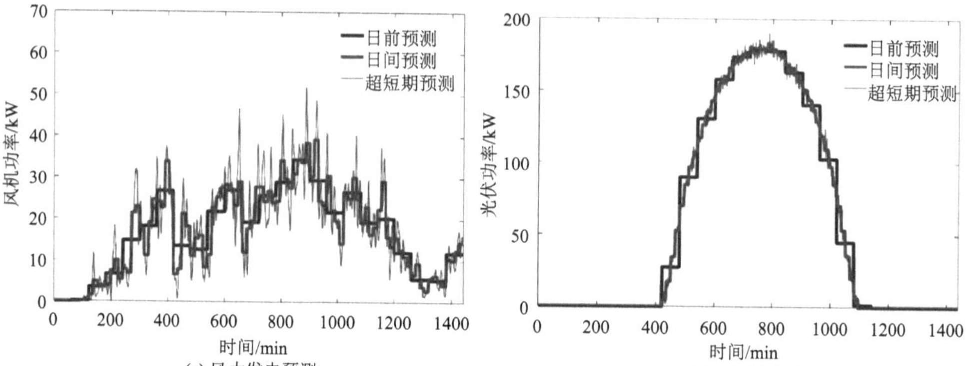

(a) 风力发电预测　(b) 光伏发电预测

图 5-7　可再生能源预测结果

为进一步探究多元储能对综合能源系统带来的影响，假设非耦合节点的负荷功率为固定值，耦合节点的能量交互依托于 BEH，其负荷在不同时间尺度下的预测数据如图 5-8 所示。

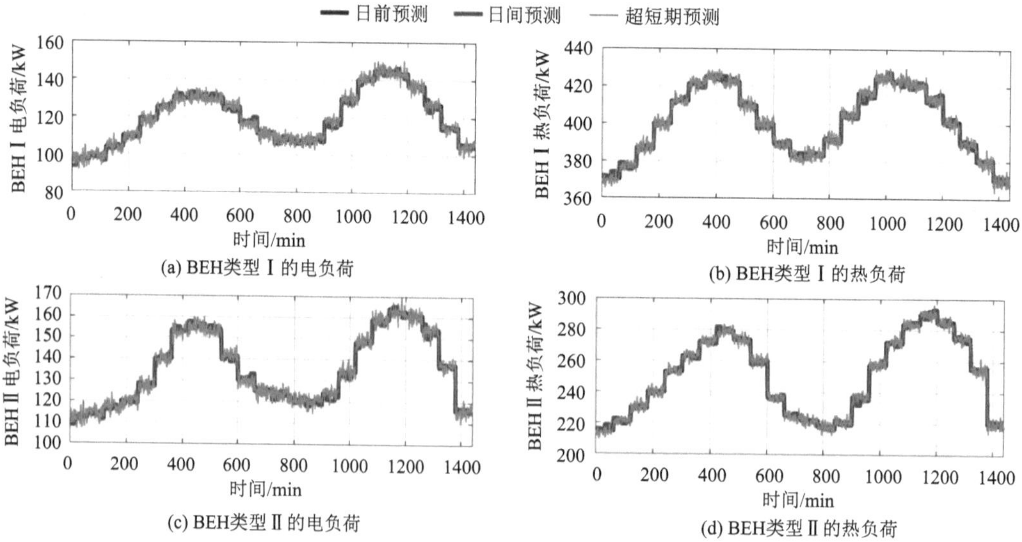

(a) BEH类型 Ⅰ 的电负荷　(b) BEH类型 Ⅰ 的热负荷

(c) BEH类型 Ⅱ 的电负荷　(d) BEH类型 Ⅱ 的热负荷

图 5-8　BEH 负荷预测结果图

对于该综合能源系统，VES 包括 HP、EV、CAC 三种可控负荷，其中设定 EV 和 HP 的受控时段为 0:00～24:00，CAC 的受控时段为 8:00～18:00，即其处于工作模式时，才可参与负荷调控。各节点 VES 数目、各类 VES 仿真参数具体如表 5-2 与表 5-3 所示。

表 5-2　各节点 VES 负荷数目

节点		EPS-712	EPS-713	EPS-720	EPS-735
电热泵(HP)	A 相	120	0	0	100
	B 相	0	0	100	0
	C 相	0	150	0	0
电动汽车(EV)	A 相	0	0	300	0
	B 相	350	0	0	0
	C 相	0	400	0	320
中央空调(CAC)	A 相	25	0	0	0
	B 相	0	0	0	14
	C 相	0	20	22	0

表 5-3　VES 主要仿真参数

类型	名称	数值	名称	数值
HP	R 均值 $\bar{R}$ /(℃/W)	0.121	C 均值 $\bar{C}$ /(J/℃)	3599.3
	Q 均值 $\bar{Q}$ /W	400	额定功率/kW	6
	温度初始值/℃	21	温度死区/℃	4
	控制成本/(K/(kW·h))	1.458		
EV	能量状态死区	0.025	能量状态上/下限	±0.0125
	充电功率/kW	5	充电效率	95%
	控制成本/(K/(kW·h))	0.978	电池容量/(kW·h)	5.00～20.00
CAC	平均能效比	5	平均额定功率/kW	40
	低耗系数	0.1	挡位数目区间	[3,10]
	温度死区/℃	5	室内温度初始值/℃	24
	控制成本/(K/(kW·h))	17.706	挡位数目标准差	2.07

优化调度设置如下 3 种场景，如表 5-4 所示。

表 5-4　场景设置

场景设置	算例描述	响应资源	时间尺度
场景 1	基于 BEH 的电力-天然气综合能源系统日前优化调度，以经济最优为目标	BEH	1h
场景 2	基于 BEH 与 BES 的日间调度，利用日间预测结果，平抑上级优化调度形成的功率偏差	BEH BES	15min
场景 3	平抑可再生能源与负荷分钟级非规律性的波动	VES	1min

1. 场景 1：日前优化调度

在日前优化调度场景中，基于 BEH 资源进行综合能源系统日前优化调度，通过对 BEH 的合理控制，实现系统经济最优的目标。与不考虑多元储能，能源系统单独运行的场景相对比(即图 5-4 所示的电力-天然气耦合节点的电负荷由配电系统供应，热力负荷由配气系统通过 GB 供应)，多元储能的应用可有效提高综合能源系统的经济性，其能源成本由 6699.21K 降至 6285.37K，电力-天然气耦合节点 BEH 的能源总成本由 1397.01K 降为 983.16K，降幅为 29.62%，如图 5-9 所示。这是由于 BEH 可灵活应用能源转换与分配特性，在满足供能要求的基础上，充分利用不同时段电力与天然气价格优势。

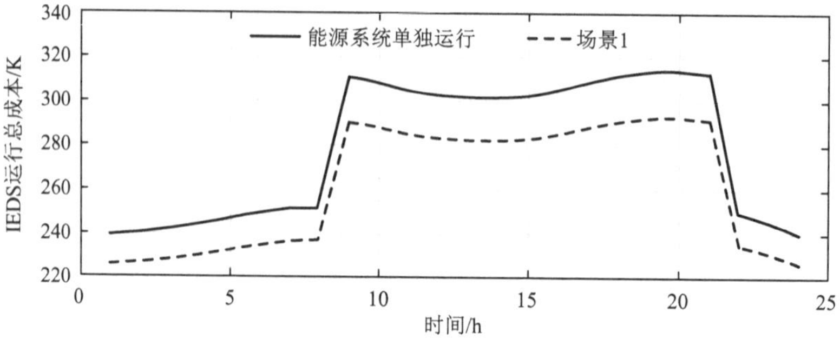

图 5-9　日前优化调度成本对比

BEH 中 CHP、GB 等耦合组件是多能流灵活应用的物理基础，通过对电力与天然气能量流的综合利用，可实现 BEH 充放电功能，如图 5-10 所示；这种功能主要通过控制不同状态下 BEH 的分配系数来实现，如图 5-11 与图 5-12 所示；其实质则为多能流之间的互补互济特性的应用，例如，当天气热供应充足时，其可通过 CHP 满足电力与热力用能需求，同时，多余的部分电能还可为配电系统提供支撑。此时，电力的存储与释放不再局限于配电系统自身，换言之，与之耦合的配气系统实则也是系统运行的重要支撑，通过 BEH 这一接口，储能可由多能流转换实现；BEH 吸收天然气功率优化结果如图 5-13 所示。

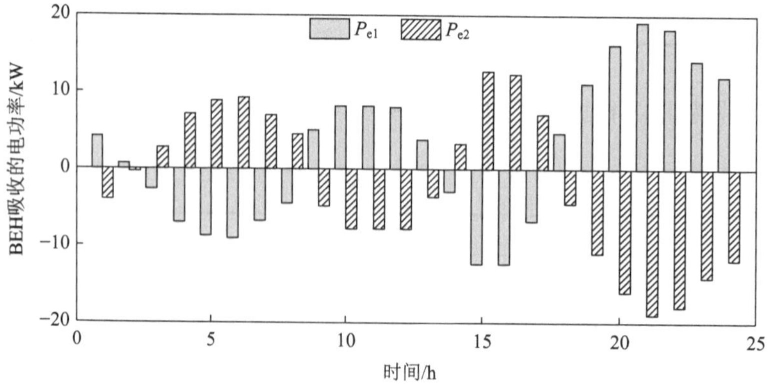

图 5-10　BEH 电功率优化结果

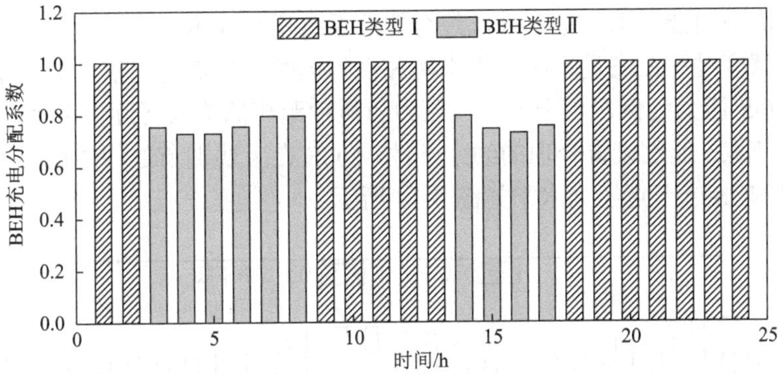

图 5-11　BEH 充电分配系数优化结果

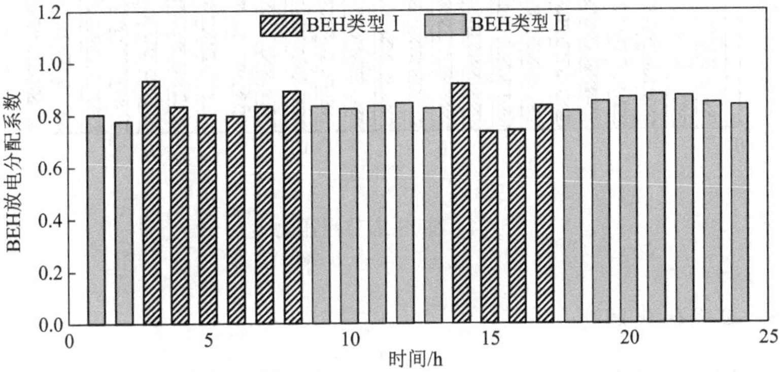

图 5-12　BEH 放电分配系数优化结果

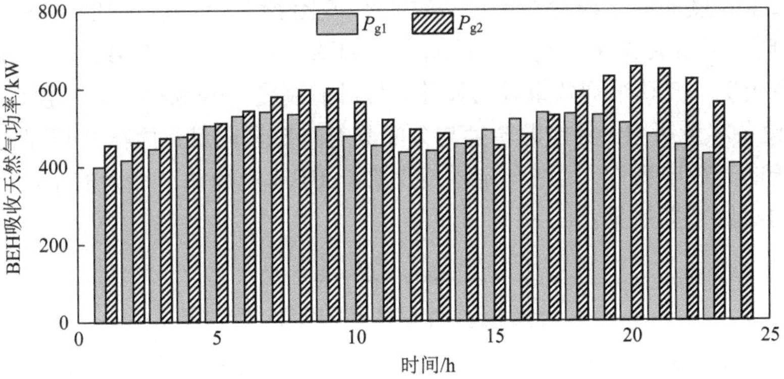

图 5-13　BEH 吸收天然气功率优化结果

具体来说，以 BEH 类型 Ⅰ 为例，选取 15:00～17:00 与 20:00～23:00 两个电价相差较大的时段作为对比。BEH 在 15:00～17:00 处于放电状态，为 EPS 提供电功率，这是由于此时电价较高而天然气价格较低，为了实现经济运行的目标，BEH 选择通过调节分配系数以增加购气量，在满足用能需求的同时向 EPS 放电。而在 20:00～23:00 时段，热负荷较高且电价较低，考虑到 AC 制热效率远高于 CHP 燃气供热效率，此时 BEH 通过调节分配系数优先购电以满足用能需求，进而降低综合能源系统运行成本。

上述优化调度过程在满足系统能量平衡关系的同时，还需考虑耦合能源系统的静态安全约束，以 NGS 压力为例，由于天然气压力随传输距离的增长而逐步下降，NGS 压力最小的点在其末节点；通过设置合理的约束条件，NGS 在上述调节过程中均处于稳定运行状态。不同时段 NGS 末节点压力水平如图 5-14 所示。

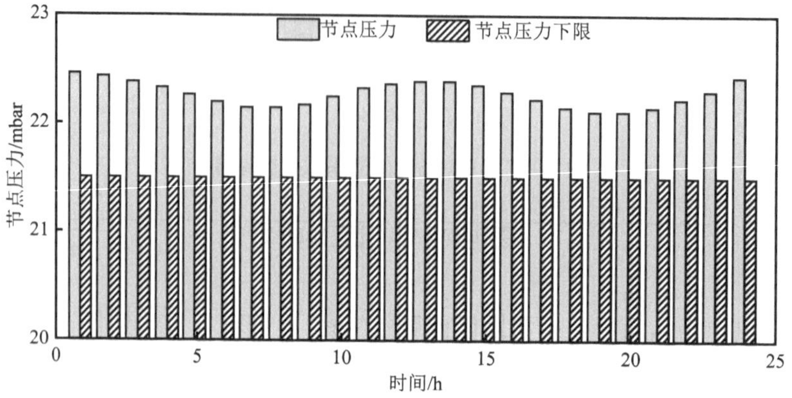

图 5-14　NGS 末节点压力值

2. 场景 2：日间优化调度

在日间优化调度场景中，基于 BEH 与 BES 资源进行综合能源系统日间优化调度研究，利用 15min 级的负荷与可再生能源预测结果，对 BEH 与 BES 进行合理调控，使此时的联络线功率与日前调度的联络线功率保持一致，平抑上级优化调度形成的功率偏差。当仅调用 BEH 资源时，其优化结果的功率波动略大，如图 5-15 所示；当 BEH 与 BES 资源联合调用时，联络线功率波动平抑效果较为显著，与日前调度的基准功率偏差较小。这是由于，BEH 受自身设备容量所限，其能源转换与分配具有一定局限性；而在其基础之上灵活利用传统储能系统的充放电特性，可在一定程度上弥补 BEH 资源调节能力的不足，实现对联络线功率波动的更好平抑效果。

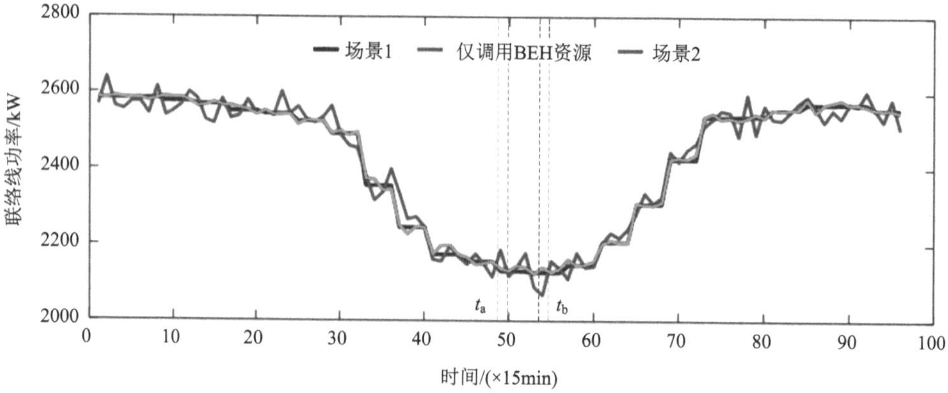

图 5-15　日间调度联络线功率波动平抑结果图

在上述过程中，BES 资源的利用主要通过调节 SOC 实现充电或放电功能，如图 5-16 所示。以图 5-15 中时段 t_a 与 t_b 为例，对其进行简要说明：t_a 时段调用 BEH 资源的曲线高于日前优化调度的基准功率，此时配电系统负载率较低，储能单元通过充电增加 SOC 进而提高电力负载；t_b 时段则反之，此时配电系统负载率较高，储能单元通过放电降低 SOC 进而降低电力负载。同时，BEH 通过调节分配系数，实现了对多能流的综合利用，如图 5-17～图 5-20 所示。

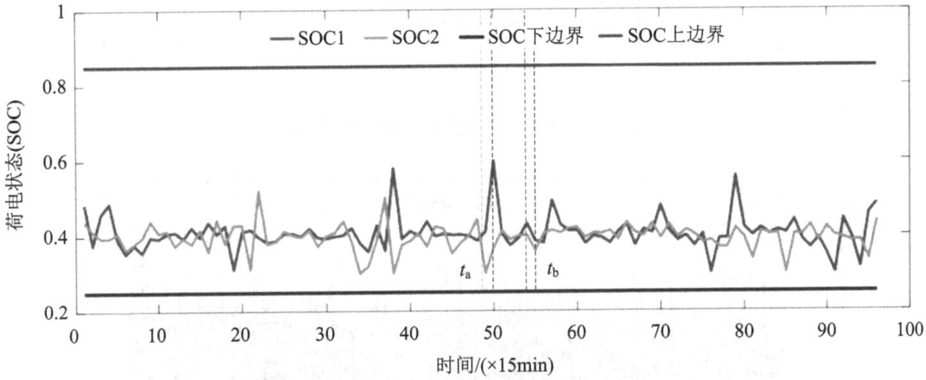

图 5-16　传统储能功率荷电状态图

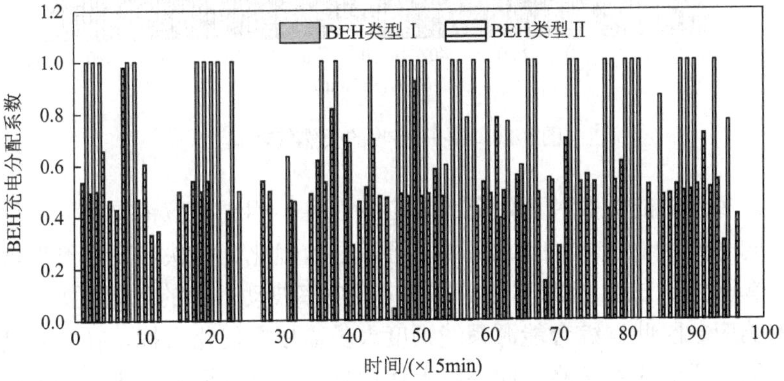

图 5-17　BEH 充电分配系数优化结果图

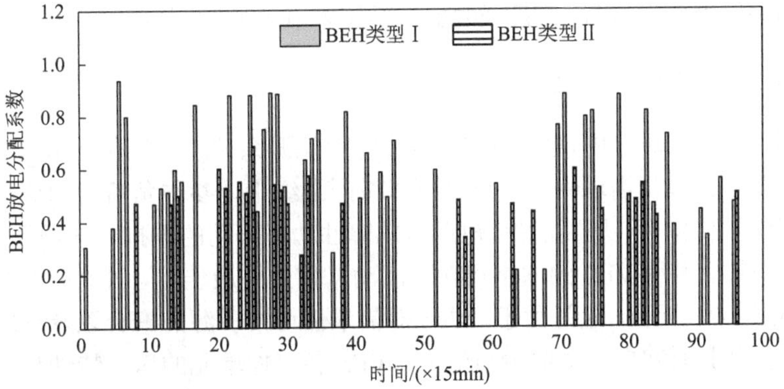

图 5-18　BEH 放电分配系数优化结果图

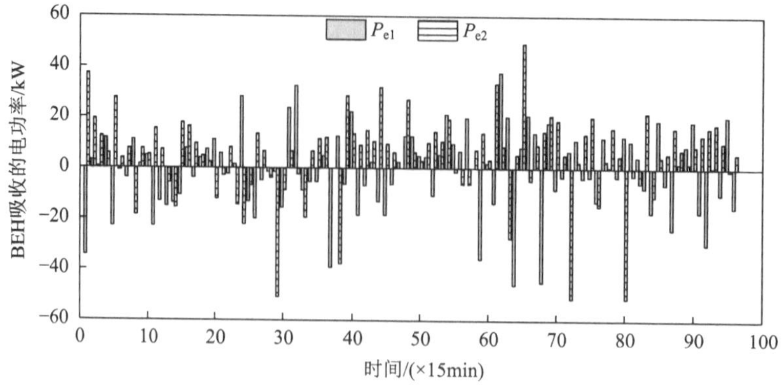

图 5-19　BEH 与 EPS 交互的电功率

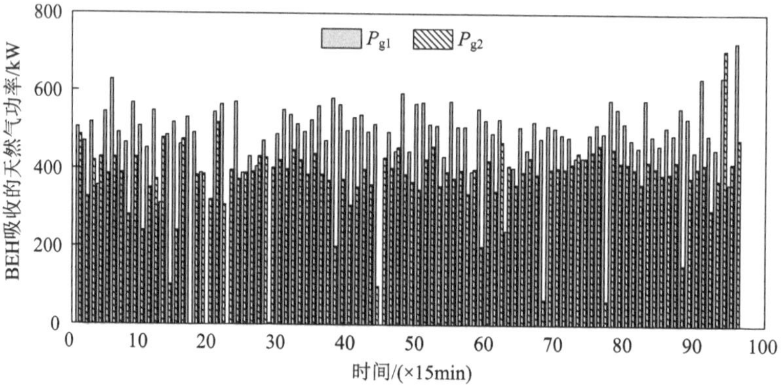

图 5-20　BEH 吸收的天然气功率

可以看出，多元储能中多种可调资源响应特性各不相同，应依据不同应用场景对其进行合理选择。同时调用 BEH 与 BES 两种资源可导致优化计算决策变量维度增加，运算时间较长；但与单独调用 BEH 资源相比，其联络线功率波动平抑的效果更好，可实现对控制信号更精准的响应。因此，综合能源系统调度人员需根据优化目标，在求解精度与计算时长的矛盾中选取合适的应对策略。此外，上述优化调度过程还需考虑系统能量平衡关系与耦合能源系统的静态安全约束，例如，对于配气系统，通过设置合理的约束条件，其节点压力均满足相关压力要求；以压力最低的配气系统末节点为例，其压力分布如图 5-21 所示。

3. 场景 3：超短期优化调度

在超短期优化调度场景中，基于 VES 进行综合能源系统超短期优化调度研究。假定用户已与配电公司签订参与需求响应协议，可以按照上级指令参与负荷资源调控。基于此，对 VES 进行合理控制，可以实现对超短期非规律性功率波动的平抑。与场景 1、场景 2 优化调度结果相对比，调用 VES 的联络线功率波动平抑效果最佳，与日前调度的联络线功率偏差最小，如图 5-22 所示。这是由于，通过对需求侧可控资源的聚合以及需求响应控制策略的应用，可使其具有双向互动的调节潜力；VES 各可控单元的运行特性与响应特性使其在应对分钟级功率波动时控制效果较好。

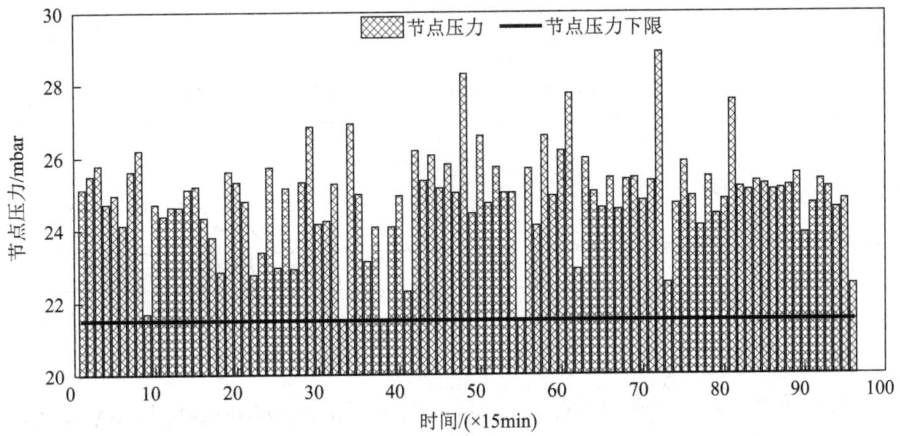

图 5-21　配气系统末节点压力分布情况

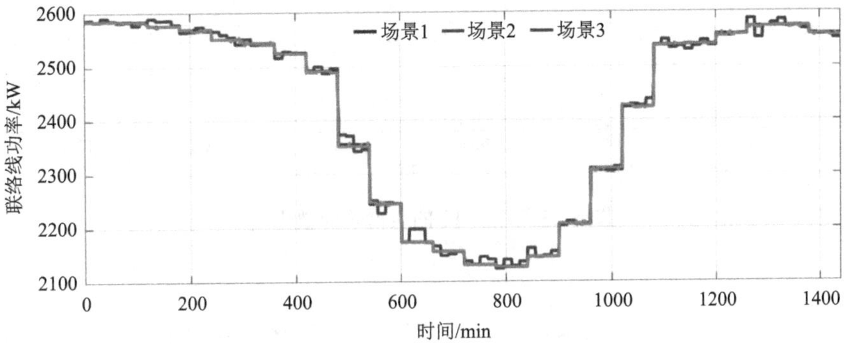

图 5-22　联络线功率波动平抑结果图

在超短期优化调度过程中，VES 可控单元对目标的响应状况良好，且均处于其运行约束范围内，如图 5-23～图 5-26 所示。此外，综合能源系统的静态安全约束也考虑在上述优化调度过程中，以所接入 VES 的四个节点的三相电压为例，其均处于 0.95～1.05p.u.，如图 5-27 所示。

综上所述，依据多元储能三种资源的不同响应特性，其适用场景分别为：BEH 适用于日前优化调度，进行经济调度、降低网损等操作；BEH 与 BES 协同调用，适用于控制精度要求高、调控时间充裕的日间优化调度，若此时对资源调控时间与经济成本有一定需求，且对控制精度需求较为粗放，仅调用 BEH 资源进行日间优化调度即可；VES 适用于调控成本与调控时间充足、精度要求高的超短期优化调度。

多能流优化计算与稳态多能流计算一样，均是综合能源系统最基本的分析手段，广泛应用于综合能源系统的最优运行、规划设计、市场交易等领域。本章介绍了电力系统最优潮流，以及综合能源系统最优能流计算的基本原理，在此基础上，进一步给出了综合能源系统多时间尺度下的优化调度方法，示意了多能流优化的应用。在对综合能源系统多时间尺度优化调度模型验证时表明，多元储能资源的调用可有效提高综合能源系统经济性；结合不同多元储能的特征，通过施加不同时间尺度优化调度策略，可有效减少因负荷与可再生能源功率波动引起的功率调节偏差，其模型具有一定的适应性与可扩展性。

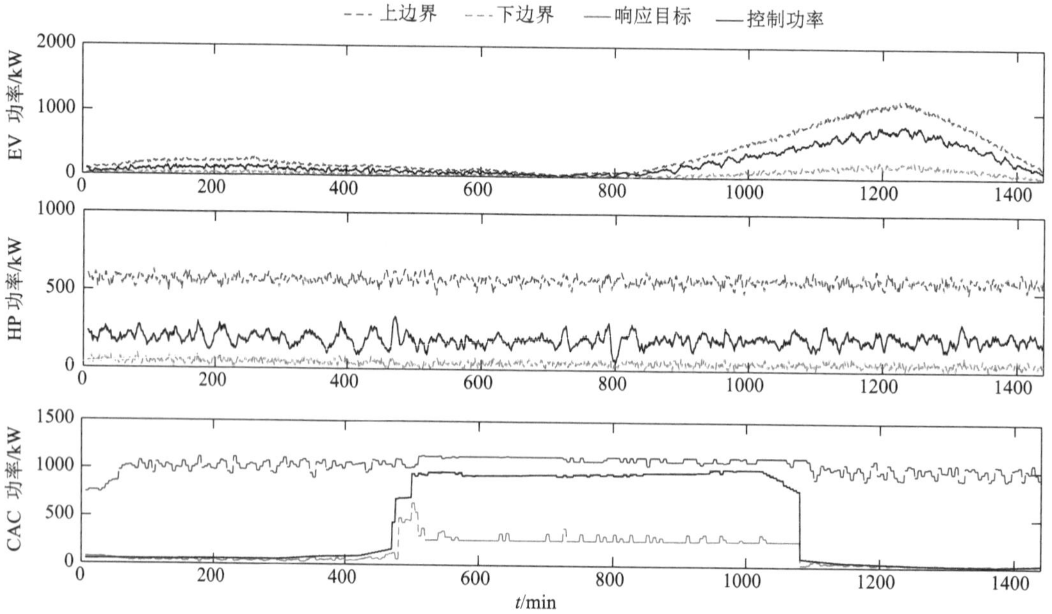

图 5-23 节点 712 的负荷响应效果图

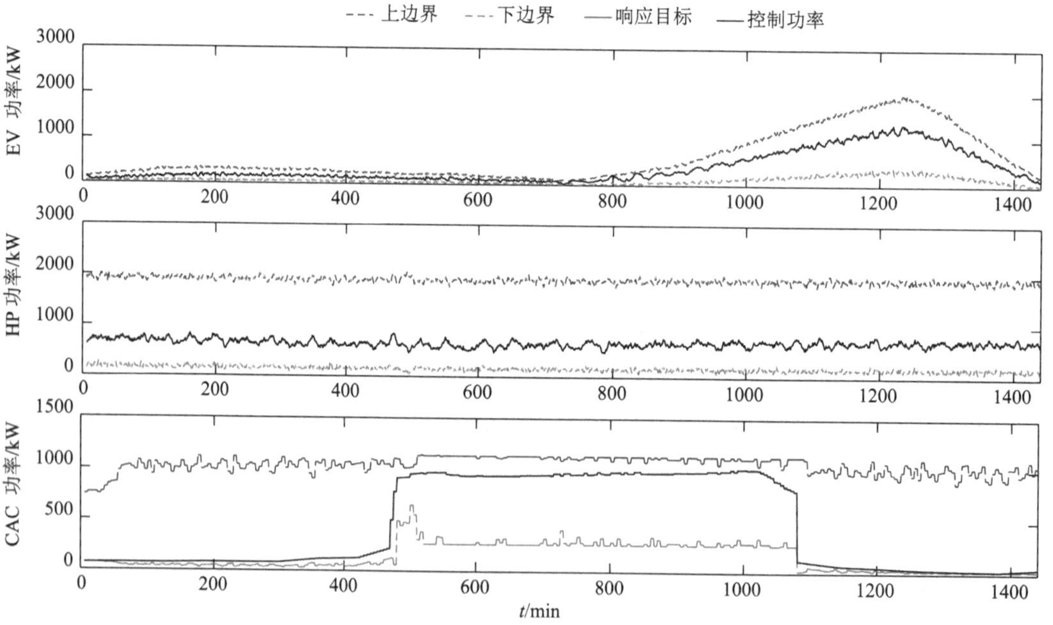

图 5-24 节点 713 的负荷响应效果图

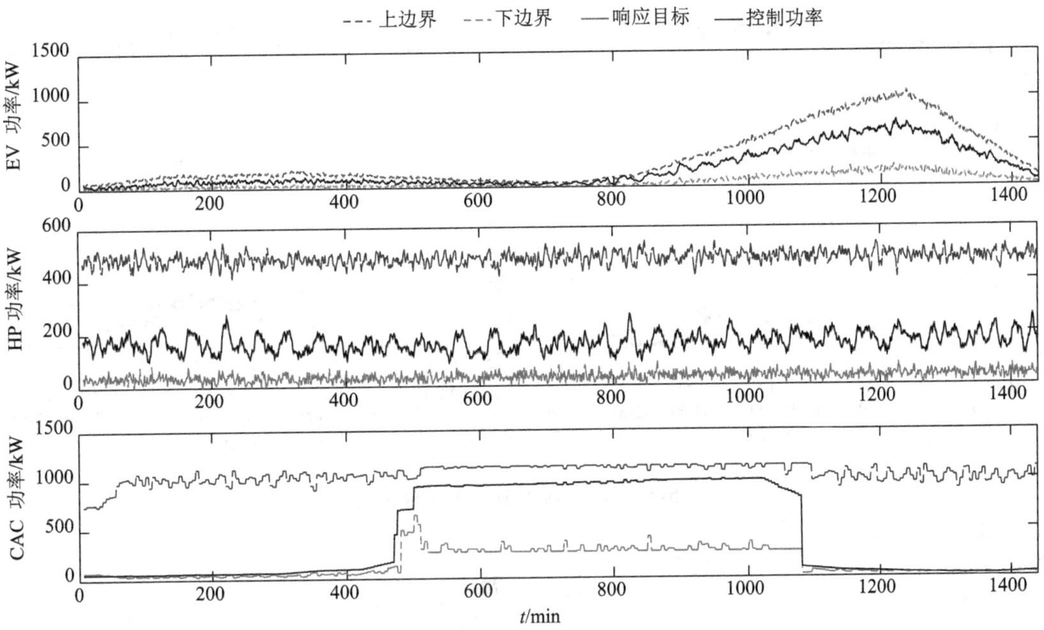

图 5-25　节点 720 的负荷响应效果图

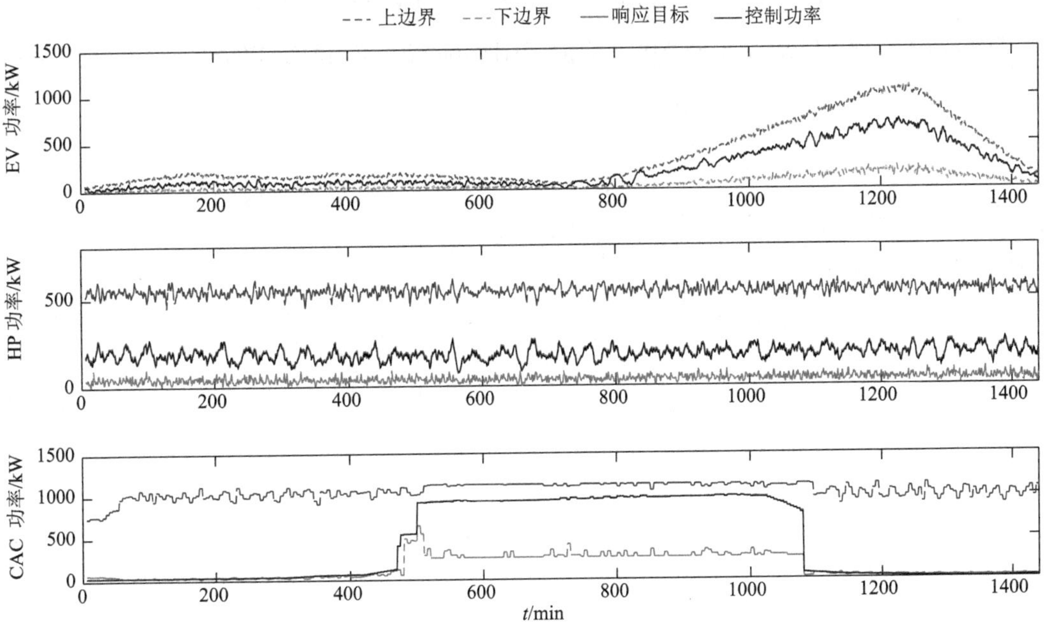

图 5-26　节点 735 的负荷响应效果图

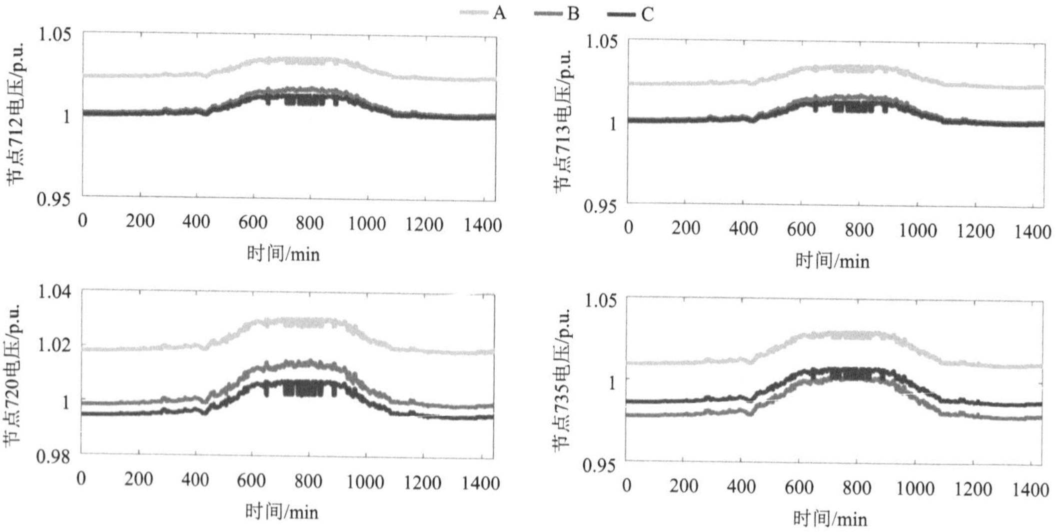

图 5-27　VES 接入节点电压标幺值

综合能源系统虚拟仿真实验

习　题

两个火电厂并联运行，其运行成本函数如下：

$$F_1 = (4 + 0.3P_{G1} + 0.0008P_{G1}^2)\text{K/h}, \quad 200\text{MW} \leqslant P_{G1} \leqslant 300\text{MW}$$

$$F_2 = (3 + 0.33P_{G2} + 0.0004P_{G2}^2)\text{K/h}, \quad 340\text{MW} \leqslant P_{G2} \leqslant 560\text{MW}$$

系统总负荷分别为 850MW 和 550MW，试确定不计网损时各厂负荷的经济分配。

第 6 章　综合能源系统典型案例分析

6.1　综合能源系统典型案例一

6.1.1　系统概况

工业园区综合能源系统建设区域内共 14 座生产厂房、1 座仓库、1 座能源站，其中生产厂房主要用于电动汽车动力电芯和 Pack 生产以及检测，仓库主要用于存储原材料，能源站主要向编号为 9、10、12、21、22 的 5 座生产厂房集中供冷，此外还能提供部分电能和热能。工业园区综合能源系统建设区域如图 6-1 所示。

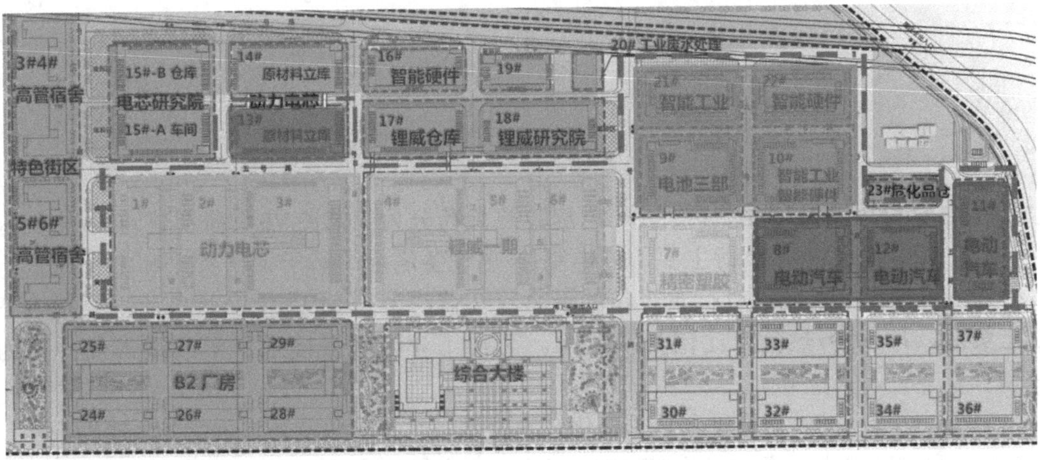

图 6-1　工业园区综合能源系统建设区域

工业园区包含多种负荷类型，电动汽车充放电负荷、电池老化试验电负荷、生产性电负荷是电负荷的主要构成部分；烘干工艺热负荷是热负荷的主要构成部分；生产性冷负荷是冷负荷的主要构成部分。

工业园区依托当地燃气和光照等资源优势，形成以市电、燃气和光电相结合的能源供应架构，满足多元负荷用能需求；集中供冷区域由冷热电三联供机组和制冷机组构成的能源站满足其冷负荷需求，其中冷热电三联供机组中的溴化锂制冷机利用内燃机排出的余热，实现热冷能转换和能量的梯级利用，制冷机组由常规制冷机、水蓄冷装置等组成，实现电冷能的转换和存储。

6.1.2　需求分析

电负荷预测及特性分析：基于调研收集的工业园区建筑面积预测生产厂房最高负荷值，预测得到工业园区所有生产厂房目标水平年的最大电负荷约为 70.59MW。此外，能源站由冷热电三联供机组和制冷机组构成，主要用电负荷为常规制冷机和水泵，根据报装设备功率可得能源站电负荷约为 2.47MW。综上，工业园区目标水平年的最大总电负荷约为 73.06MW。

工业园区主要电负荷类型为生产性负荷，在工作日，日负荷特性曲线呈现波动的变化趋势，峰值接近 70MW，7:00、12:00、17:00 是就餐时间，电功率有所下降。在节假日，工业园区电功率维持在 10MW 附近，且日负荷特性曲线波动平缓，日间用电功率大于夜间用电功率。工业园区典型日电负荷特性曲线如图 6-2 所示。

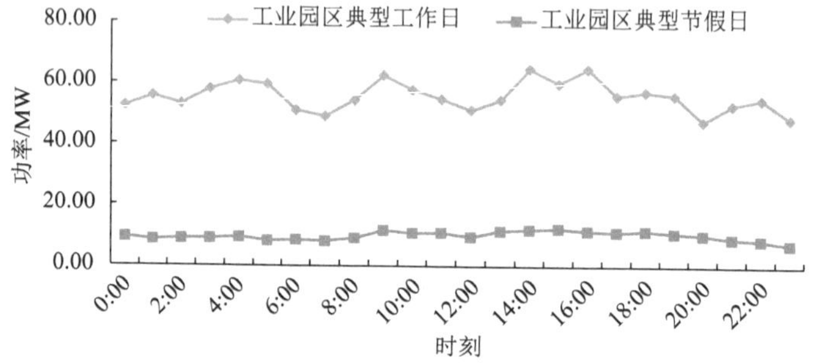

图 6-2　工业园区典型日电负荷特性曲线

冷/热负荷预测及特性分析：生产厂房冷热负荷分为工艺冷/热负荷及建筑冷/热负荷两部分，其中建筑冷/热负荷主要通过电制冷/热设备满足。基于调研数据和中长期负荷预测方法可获得工业园区目标水平年的最大冷负荷约为 85MW。生产热负荷主要指烘干工艺负荷，厂房冷/热负荷比例为 10∶1，可得工业园区目标水平年的最大热负荷为 8.5MW。

工业园区冷负荷特性夏季和秋季变化较为明显，而春季和冬季冷负荷变化较为平缓，夏季冷负荷功率最大，峰值接近 80MW，冬季冷负荷功率最小，且日间冷负荷高于夜间冷负荷。四季热负荷特性基本相近且变化具有一定的规律性，热负荷最大值超过 6MW。工业园区典型日冷、热负荷特性曲线分别如图 6-3 和图 6-4 所示。

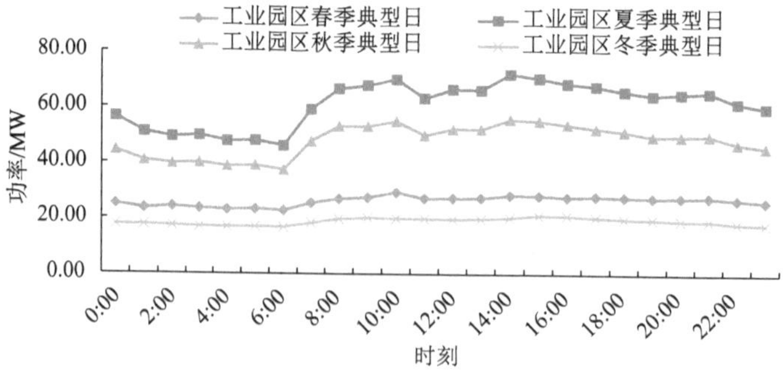

图 6-3　工业园区典型日冷负荷特性曲线

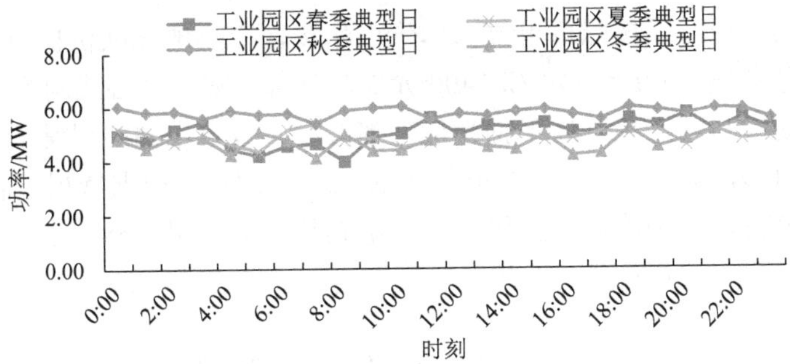

图 6-4　工业园区典型日热负荷特性曲线

6.1.3　设备参数

基于调研数据和需求分析，工业园区电负荷约 73.06MW，冷负荷约 85MW，热负荷约为 8.5MW，园区电负荷及冷负荷巨大，冷负荷可通过冷热电三联供机组和制冷机组满足，热负荷可通过电制热干燥机满足。目前，工业园区内可安装光伏发电系统容量 12MW，安装有 2 台 0.8MW 柴油发电机和 1 台 1.2MW 柴油发电机，可利用的生产性储能总功率为 1.295MW。此外，工业园区内还计划安装冷热电三联供机组、制冷机组和专用性储能，其中制冷机组主要涉及常规制冷机和水蓄冷装置。工业园区综合能源系统的供能结构如图 6-5 所示。

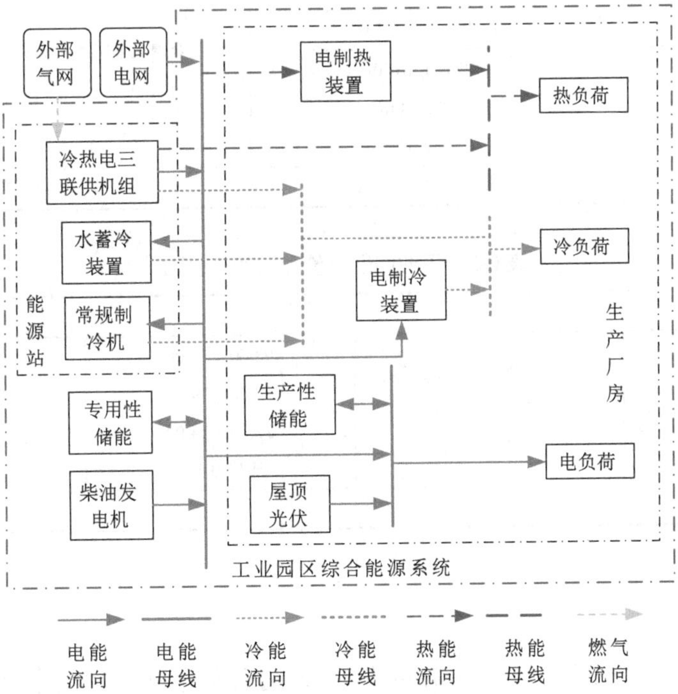

图 6-5　工业园区综合能源系统的供能结构

主要设备的初投资可以按照每单位功率价格估算，冷热电三联供机组中的燃气内燃机和溴化锂制冷机分别按 2000 元/kW 和 1400 元/kW 计算，常规离心式制冷机按 1120 元/kW 计算。考虑电储能参与削峰填谷或平抑光伏功率波动，设定电储能日常放电深度为 10%，则 SOC 初始值取 0.9，SOC_{min}=0.2，放电效率取 92%。此外，根据常规电制冷/热设备转换效率及调研数据分析，电制冷系数采用 5.78，电制热系数采用 3.58。工业园区主要供能设备参数如表 6-1 所示。工业园区电价和天然气价格如表 6-2 所示。

表 6-1　工业园区主要供能设备参数

设备	参数	供能工况
燃气内燃机	额定功率：2000kW 发电效率：42.4% 热效率：44.4%	燃气内燃机直接供电和供热
热水泵	配电功率：30kW	配合燃气内燃机供热
溴化锂制冷机	额定供热功率：1534kW 额定制冷功率：2080kW 配电功率：8.9kW	溴化锂制冷机吸收燃气内燃机余热供冷
离心式制冷机	额定制冷功率：4420kW 配电功率：720kW	离心式制冷机组直接供冷
冷冻泵	配电功率：75kW	配合溴化锂制冷机和离心式制冷机供蓄冷
冷却泵	配电功率：75kW	
冷却塔	配电功率：30kW	
水蓄冷罐	体积：12615m^3 高度：30m 直径：12m	
吸附式干燥机	配电功率：32kW	干燥机直接供热

表 6-2　工业园区电价和天然气价格

类别	价格		
购电价格/(元/(kW·h))	14:00～17:00 19:00～22:00 高峰 0.9554	08:00～14:00 17:00～19:00 22:00～24:00 平段 0.579	00:00～08:00 低谷 0.2895
燃气价格/(元/m^3)	3.5		

6.1.4　运行分析

以典型日为例对工业园区综合能源系统进行运行优化分析。工业园区综合能源系统典型日电能、冷能和热能供需平衡如图 6-6、图 6-7 和图 6-8 所示。

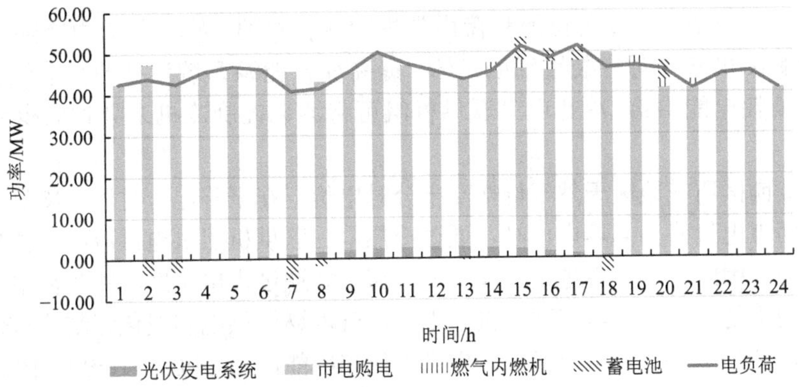

图 6-6　典型日电能供需平衡情况

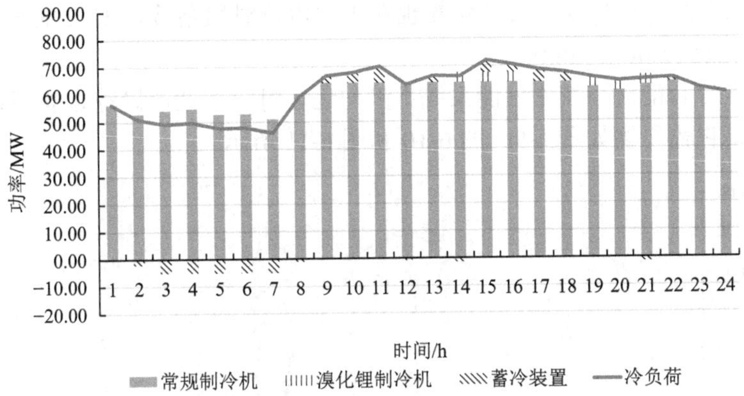

图 6-7　典型日冷能供需平衡情况

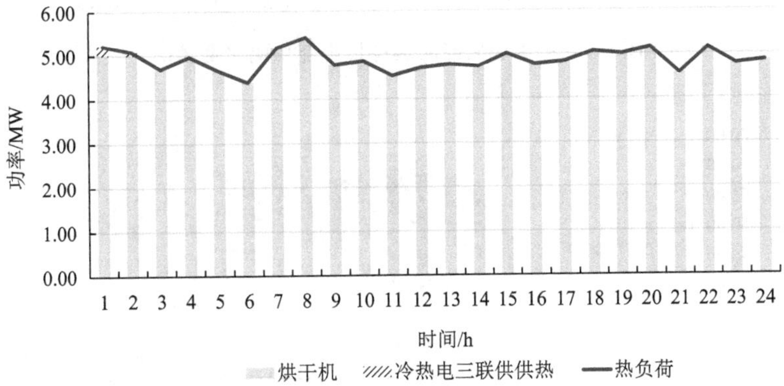

图 6-8　典型日热能供需平衡情况

工业园区典型日电负荷供应主要依靠市电、光伏发电系统、冷热电三联供机组来完成，电负荷的基荷主要由市电/光伏发电供给，峰荷由冷热电三联供机组、生产性储能和专用性储能辅助供给，电能供给除要满足供能区域内的电负荷外，还要满足常规制冷机和烘干机的用电需求；冷负荷的基荷由常规制冷机供给，峰值负荷由冷热电三联供机组的溴化锂制冷机和水蓄冷装置辅助供给，提高综合能源系统运行的灵活性；热负荷主要由烘干机消耗电能供给，冷热电三联供机组可将溴化锂制冷机未吸收的少量热能提供给热负荷。

由于工业园区所在地区天然气价格高于分时电价，在平谷电价时段，冷热电三联供机组未运行，而市电价格为高峰电价时，通过冷热电三联供机组供电供冷的单位功率成本具有一定的优势。因此，在平谷电价时段，电负荷主要通过市电供给，冷负荷主要由常规制冷机供给，而不是采用冷热电三联供机组中的燃气内燃机供电和溴化锂制冷机供冷，在高峰电价时段，冷热电三联供机组运行，提供电能和冷能，如 14:00～16:00，19:00～21:00。此外，电储能能够通过峰谷电价套利进一步降低综合能源系统的运行成本，电储能在平谷电价时段充电，如 2:00～4:00，7:00～9:00，18:00～19:00，在高峰电价时段放电，如 15:00～17:00，20:00～21:00。同样地，蓄冷装置也在平谷电价时段蓄冷，如 2:00～7:00，在高峰电价时段供冷，如 15:00～18:00。

当工业园区综合能源系统中储能系统不参与运行时，工业园区综合能源系统典型日电能、冷能和热能供需平衡如图 6-9、图 6-10 和图 6-11 所示。

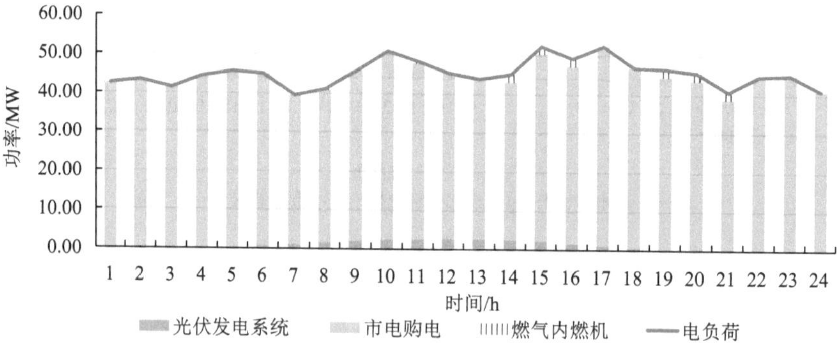

图 6-9　不考虑储能时典型日电能供需平衡情况

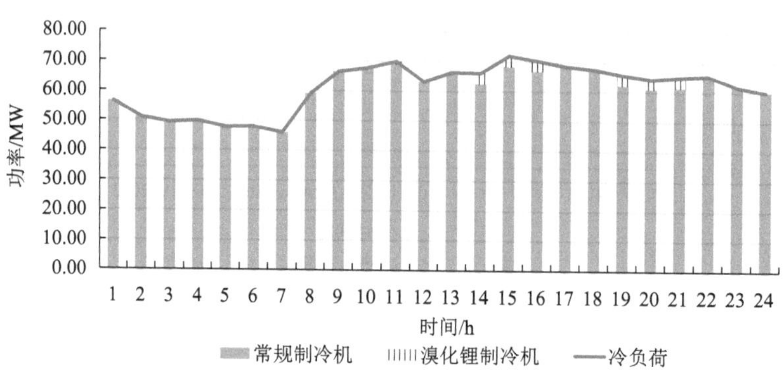

图 6-10　不考虑储能时典型日冷能供需平衡情况

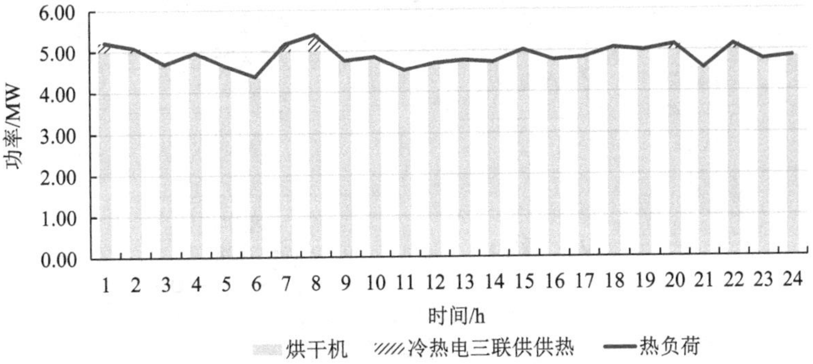

图 6-11　不考虑储能时典型日热能供需平衡情况

储能系统不参与工业园区综合能源系统运行时，电负荷供应主要依靠市电、光伏发电系统、冷热电三联供机组来完成，还要满足常规制冷机和烘干机的用电需求；冷负荷由常规制冷机和溴化锂制冷机供给；热负荷主要由烘干机消耗电能供给。由于储能系统不参与运行，储能的用电成本得到削减，但储能应该提供的供电功率和供冷功率转由冷热电三联供机组、常规制冷机承担，增加了工业园区综合能源系统运行的购气成本。工业园区综合能源系统在是否考虑储能参与运行的两种情况下，运行成本差异如表 6-3 所示，表明储能在综合能源系统运行中通过合理的存储和释放管理能够降低运行成本。

表 6-3　工业园区综合能源系统典型日运行成本对比

储能是否参与运行	购电成本/万元	购气成本/万元	购能总成本/万元
参与	89.70	1.06	90.76
不参与	89.57	1.23	90.80

6.2　综合能源系统典型案例二

6.2.1　系统概况

该园区内共包括 9 栋楼宇和 1 座集中能源站，总建筑面积 14.3 万 m^2，园区内规划供应的负荷类型包含电负荷、热负荷、冷负荷和热水负荷，园区内各楼宇及能源站的区域结构如图 6-12 所示。

该园区与市政电网相连，采用螺杆式地源热泵主机、蓄冷水箱、常规冷水主机、冰蓄冷系统(包含离心式双工况主机及蓄冰槽)、蓄热式电锅炉系统(包含承压电锅炉及蓄热水箱)和光伏发电系统构建集中能源站，以太阳能热水系统为补充，以蓄冷蓄热装置为能量调节，实现园区夏季制冷、冬季供暖、常年供电和生活热水，通过运行调控平台实现了园区电、冷、热、热水的统一调度，满足多元供能需求。

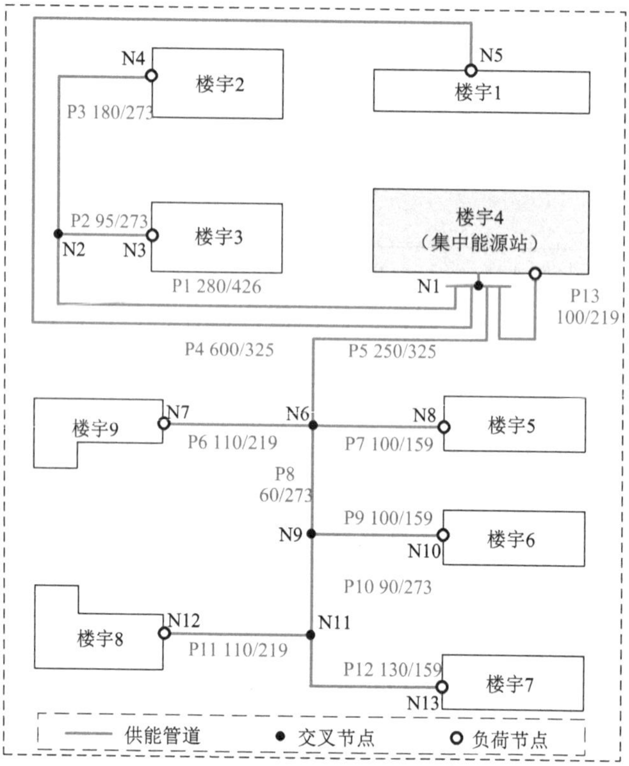

图 6-12　园区基本结构

6.2.2　需求分析

基于调研及预测结果，园区的峰值电负荷约为 2507kW，供冷期的峰值冷负荷约为 7555kW，供热期峰值热负荷约为 4500kW，热水峰值需求量约为 488kW。

图 6-13 给出了园区综合能源系统供冷期典型日的冷负荷、电负荷和分布式光伏出力预测曲线。

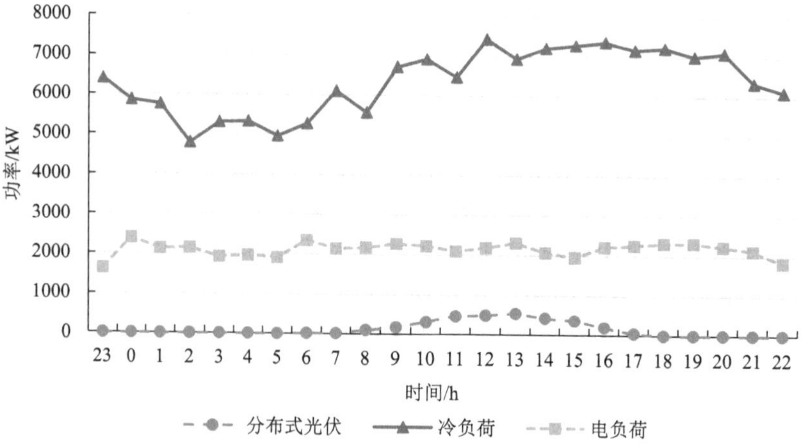

图 6-13　园区供冷期典型日负荷曲线及分布式光伏出力曲线

图 6-14 给出了园区综合能源系统供暖期典型日的热负荷、电负荷、热水负荷和分布式光伏出力预测曲线。

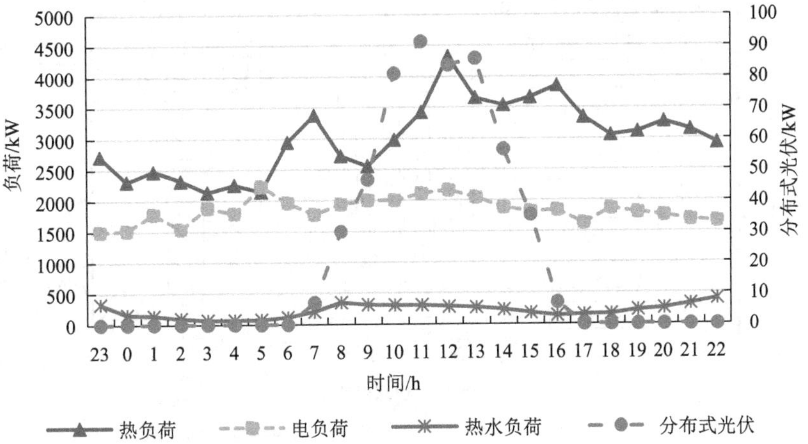

图 6-14　园区供暖期典型日负荷曲线及分布式光伏出力曲线

6.2.3　设备参数

由于供冷期供冷、供热水系统相互独立，该园区供冷期、供热期供能结构分别见图 6-15、图 6-16。

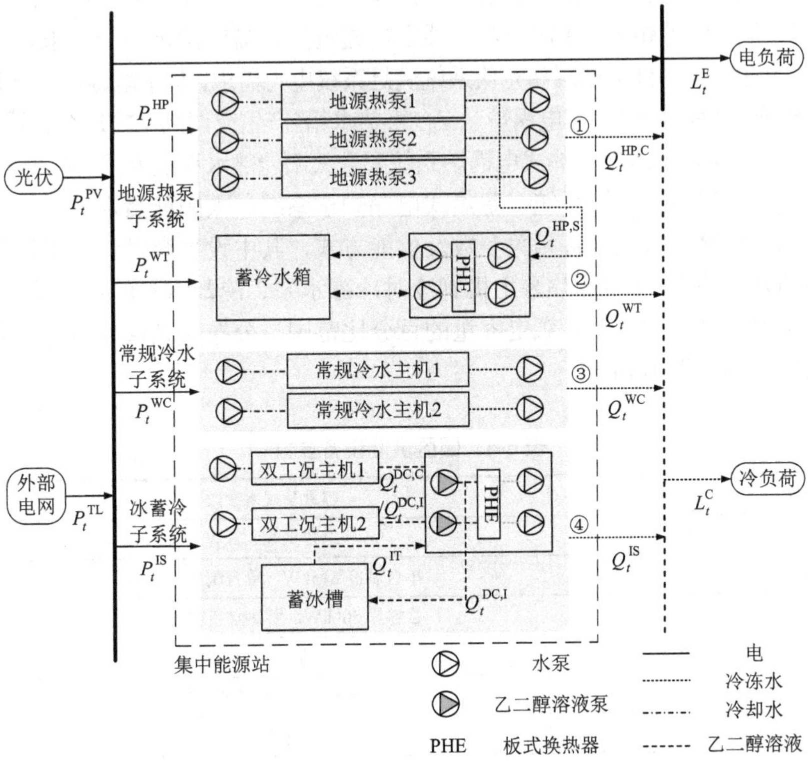

图 6-15　系统供冷期供能结构

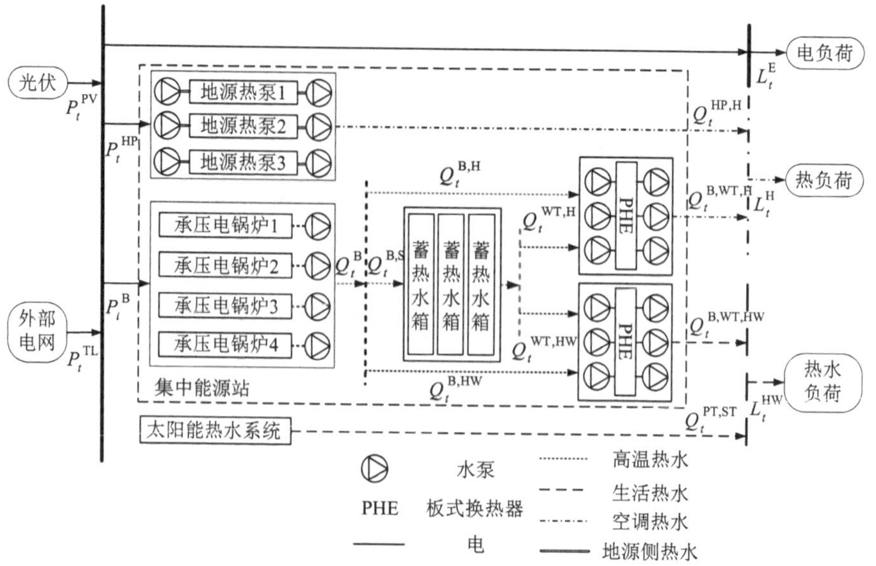

图 6-16 系统供热期供能结构

在该园区供冷期，由外部电网和光伏系统满足电力需求，地源热泵、蓄冷水箱、常规冷水机组、冰蓄冷系统协调配合为系统供冷，可划分为三个能源子系统：地源热泵子系统（包括热泵机组和蓄冷水箱）、常规冷水子系统和冰蓄冷子系统。集中能源站有四种供冷模式：①地源热泵机组直接供冷；②蓄冷水箱供冷；③常规冷水机组直接供冷；④冰蓄冷系统供冷。集中能源站产生空调冷水并输送至各楼宇，通过风机盘管满足供冷需求。

在该园区供暖期，由外部电网和光伏系统满足系统电力需求，集中能源站三台地源热泵主机、蓄热式电锅炉系统（四台承压电锅炉、三台蓄热水箱）产生空调热水输送至各楼宇，通过风机盘管满足供热需求。同时，蓄热式电锅炉系统配合太阳能热水系统为园区提供生活热水。

表 6-4 描述了地源热泵子系统、蓄热式电锅炉子系统、太阳能热水子系统、常规冷水机组子系统和冰蓄冷子系统设备相关参数及供能方式，其中设备容量包含了设备运行时必要辅助设备的耗电功率（如地源热泵主机制冷时冷冻水泵、冷却水泵的耗电功率），设备运行负载率表示设备供能功率占其额定容量的百分比范围。分布式光伏峰值容量为 823kW，联络线最大允许功率为 10MW。

表 6-4 园区供能设备参数

设备类型	容量及规格参数
光伏系统	总容量 823.2kW
地源热泵	单台制冷 615kW，单台制热 680kW
太阳能热水	总容量 500kW，蓄热水箱容量 90m³
太阳能空调	溴化锂机组 350kW
	螺杆式风冷机组 2×530kW
	蓄热水箱 20m³
	超低温空气源热泵机组 3×72kW

续表

设备类型	容量及规格参数
冰蓄冷子系统	空调模式单台制冷量 1582kW，制冰模式单台制冷量 1171kW，蓄冰量 10920RTH
蓄热式电锅炉	单台制热量 1020kW，蓄热水罐 4 台
常规冷水机组	单台空调制冷量 1582kW
电池储能系统	50kW×4h 铅酸电池储能

图 6-17 给出了相关区域在一个调度周期的分时电价。从分时电价可以看出，不同时段电价差别较大，呈现“峰–谷–平”的特点：调度周期的前八个时段(23:00～6:00)处于谷电价时段，电价为 0.47 元/(kW·h)；7:00 和 11:00～17:00 为平值电价时段，电价为 0.89 元/(kW·h)；8:00～10:00 和 18:00～22:00 为峰值电价时段，电价为 1.35 元/(kW·h)。

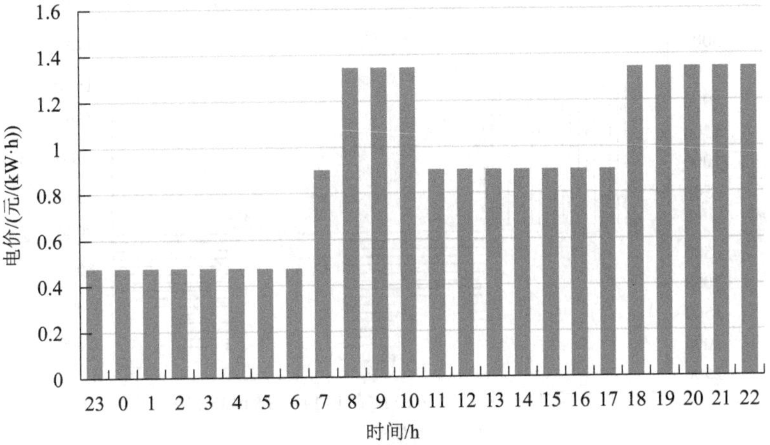

图 6-17　园区综合能源系统分时电价

6.2.4　运行分析

1. 供冷期

图 6-18 给出了供冷设备供冷时功率分配图。从图中可以看出，在谷电价时段，冷负荷多由常规冷水主机供应(此时地源热泵蓄冷、双工况主机制冰)，在非谷电价时段，通过蓄冷水箱和蓄冰槽释放冷、常规冷水主机制冷满足冷负荷需求，双工况主机和地源热泵补充供冷。对于系统中用电负荷，由光伏发电系统和外部电网共同满足，可自平衡，全额消纳光伏电量，不足部分由外部电网满足。

系统中存在蓄冷水箱和蓄冰槽两种蓄冷装置。图 6-19、图 6-20 分别为蓄冷水箱、蓄冰槽蓄冷量变化图。从图中可以看出，在谷电价时段，由于地源热泵蓄冷、双工况主机蓄冰，蓄冷水箱和蓄冰槽存储冷量逐渐增加，在非谷电价时段蓄冷水箱、蓄冰槽放冷满足部分冷负荷，谷电价时段所蓄冷量白天全部消耗，没有能量冗余。

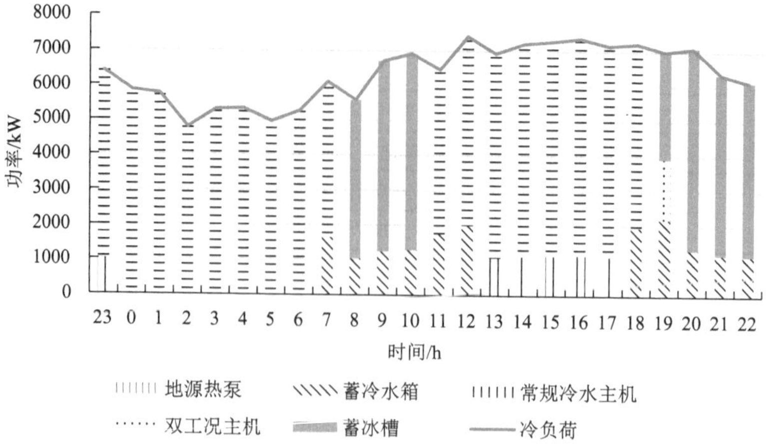

图 6-18　典型日供冷功率分配

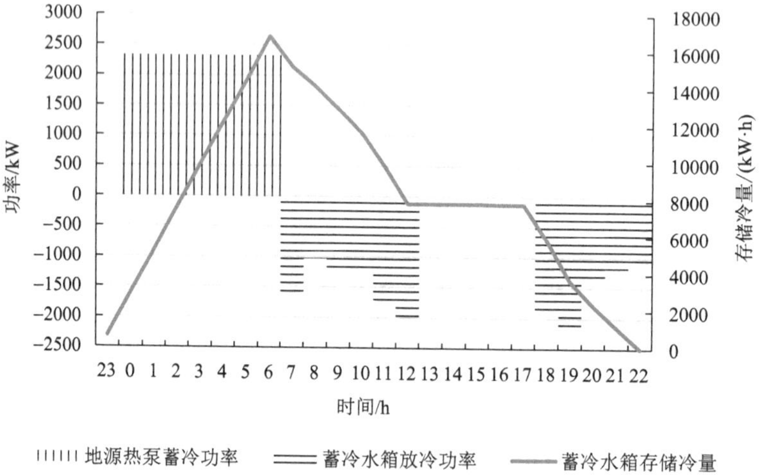

图 6-19　蓄冷水箱存储冷量变化图

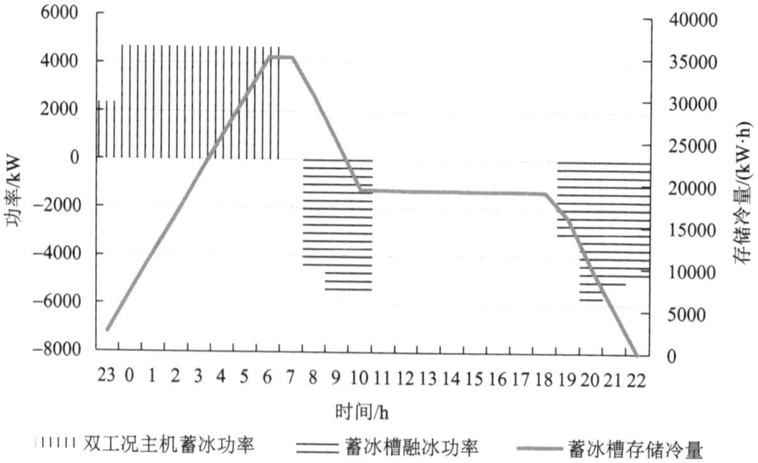

图 6-20　蓄冰槽存储冷量变化图

地源热泵系统运行工况如图6-21所示。纵坐标值为1代表具体工况处于执行状态，为0代表工况不执行，下同。从图中可以看出，地源热泵处于制冷工况、蓄冷工况和蓄冷水箱放冷工况时，地源热泵系统(包括蓄冷水箱)都处于运行状态；热泵主机只在谷电价时段执行了蓄冷工况，蓄冷水箱在非谷电价时段执行放冷工况。

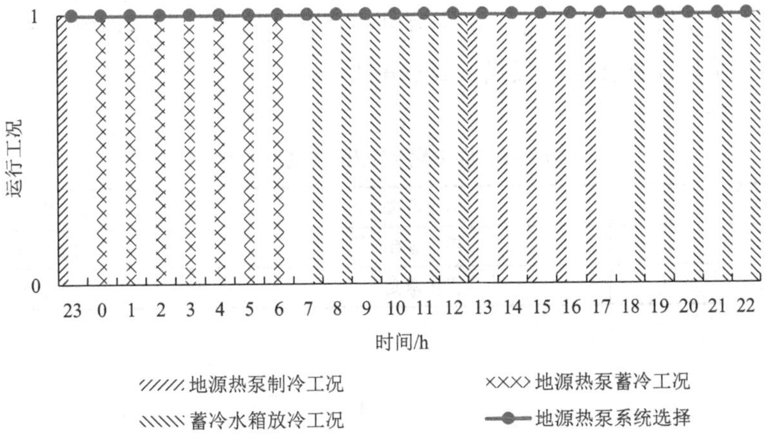

图6-21　地源热泵系统运行工况图

图6-22是冰蓄冷系统运行工况图。系统可运行于双工况主机单独制冷、双工况主机制冰、蓄冰槽单独融冰供冷、双工况主机和蓄冰槽联合供冷四种工况。从图中可以看出，在谷电价时段，双工况主机处于制冰蓄冷工况，在非谷电价时段，蓄冰槽执行了融冰制冷工况。在19:00，双工况主机和蓄冰槽同时供冷，系统执行联合供冷工况。

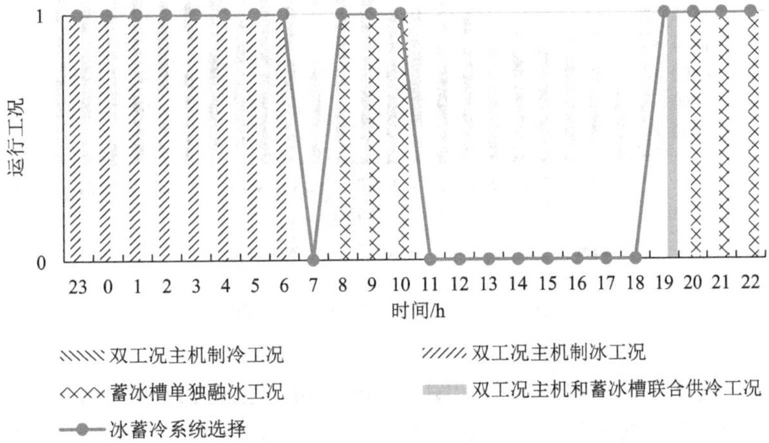

图6-22　冰蓄冷系统运行工况图

将优化后的运行策略与传统手动调控模式进行对比。在采用手动模式中，系统在制定的运行规则下运行：谷电价时段，地源热泵蓄冷水、双工况主机蓄冰，常规冷水主机满足冷负荷需求；在非谷电价时段，首先由蓄冰槽融冰制冷，冷量完全释放后由蓄冷水箱制冷，不足冷量由常规冷水主机满足；为保持常规冷水主机运行的连续性，在蓄冷水箱能量释放完后，优先开启常规冷水主机，功率不足时由地源热泵补充供冷。手动控制模式下，系统按照预先制定的运行规则人工手动调控系统运行。表 6-5 为供冷期手动运行与优化调度模式运行费用的对比结果，可以看出，手动运行虽然在谷电价时段蓄能、非谷电价时段释能，但由于执行依靠人为经验，多设备之间的互补协调特性不能被充分利用，不是最优的经济调度计划，运行费用比优化调度模式下费用高 4.1%。

表 6-5　供冷期手动/优化调度对比

场景	运行模式	费用/元
1	手动运行	74421.0
2	优化调度	71521.0

2. 供暖期

图 6-23 为供暖典型日热功率分配图。由图可知，在一个调度周期内，由于具有较高的能效比(COP)，地源热泵承担了大部分供热功率，只在 12:00 地源热泵无法单独满足热需求时，蓄热水箱承担部分供热任务。

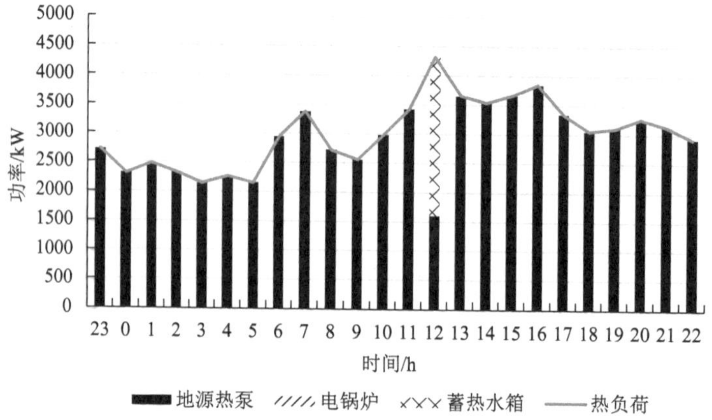

图 6-23　供暖典型日热功率分配

图 6-24 为供暖典型日热水功率分配图。由图可知，在调度周期的前 4 个时段，电锅炉和太阳能热水系统共同满足热水需求，其他时段蓄热水箱放热，补充太阳能热水系统供热水不足量。对于系统中用电负荷，可自平衡，全额消纳光伏电量，不足部分由外部电网满足。

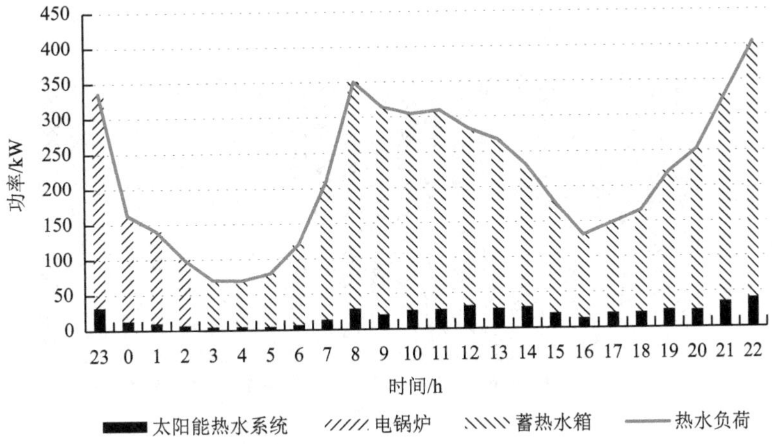

图 6-24　供暖典型日热水功率分配

图 6-25 为蓄热水箱存储热量变化图。从图中可以看出，在谷电价前 4 个时段，电锅炉蓄热，其他时段，蓄热水箱释放热量供热和热水，在调度周期的最后时段所存热量全部释放，无能量冗余。

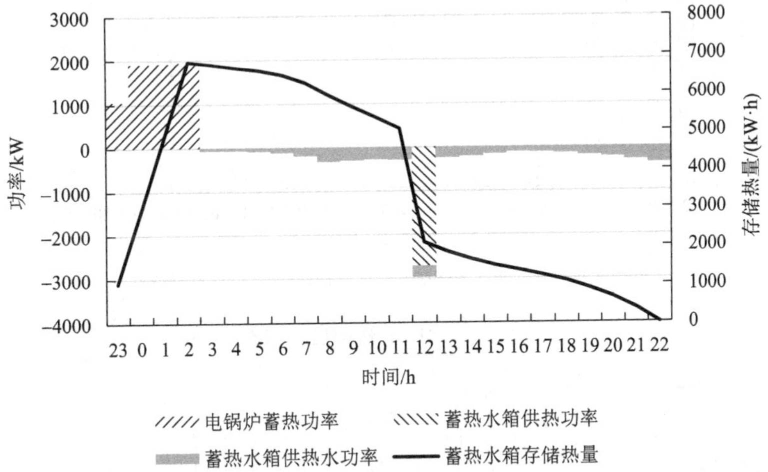

图 6-25　蓄热水箱存储热量变化图

图 6-26 为地源热泵启停状态图，从图中可以看出，在整个调度周期内，由于热泵机组整体供热功率较大，三台地源热泵一直处于启动状态。

图 6-27、图 6-28 分别为承压电锅炉启停状态和蓄热式电锅炉运行工况图。图 6-28 中包括电锅炉蓄热/供热/供热水工况、蓄热水箱供热/供热水工况。可以看出，在谷电价的前 4 个时段，一台电锅炉启动用于蓄热、供热水，蓄热水箱在电锅炉不工作的时段供热/热水。

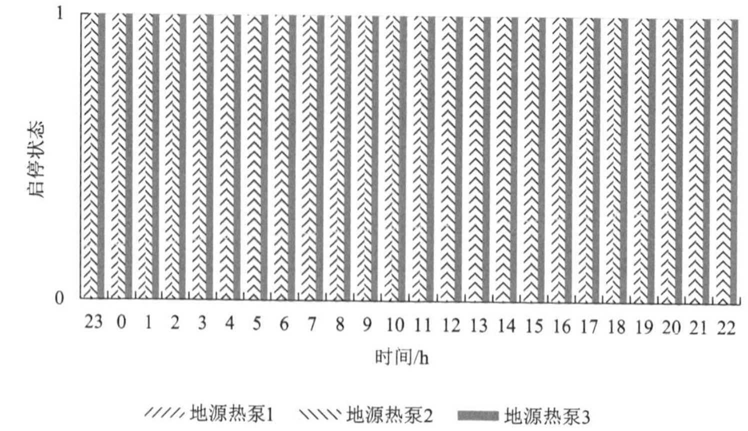

图 6-26　地源热泵启停状态

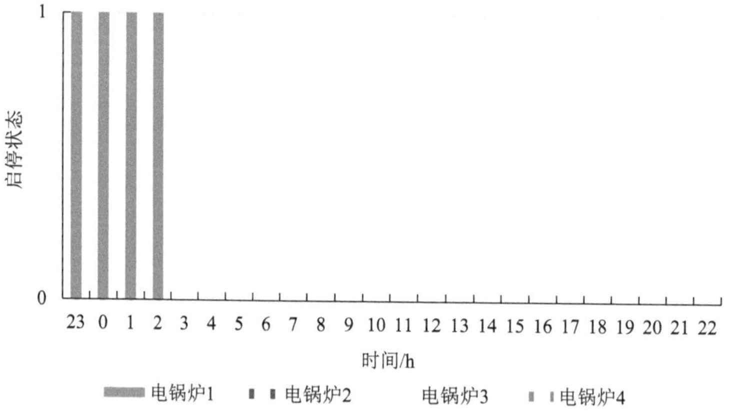

图 6-27　承压电锅炉启停状态

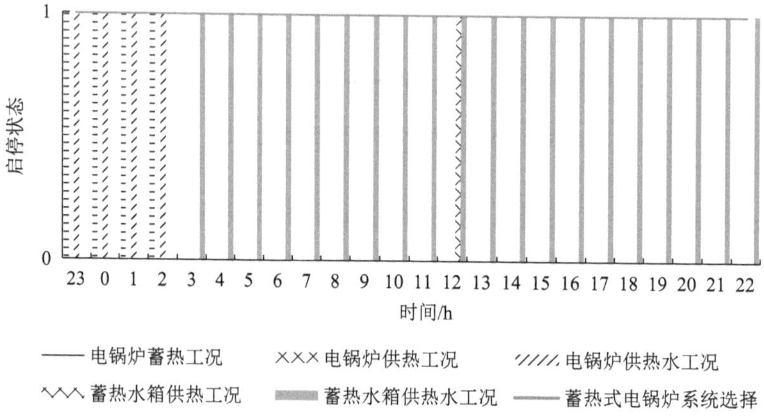

图 6-28　蓄热式电锅炉启停状态

参 考 文 献

樊栓狮, 梁德青, 杨向阳, 等, 2004. 储能材料与技术[M]. 北京: 化学工业出版社.

贾宏杰, 王丹, 徐宪东, 等, 2015. 区域综合能源系统若干问题研究[J]. 电力系统自动化, 39(7): 198-207.

贾宏杰, 王梓博, 余晓丹, 等, 2022. 城市园区微网系统端对端能量交易技术研究现状与展望[J]. 高电压技术, 48(7): 2453-2468.

贾宏杰, 余晓丹, 2025. 用户侧综合能源系统[M]. 北京: 科学出版社.

靳小龙, 穆云飞, 贾宏杰, 等, 2017. 融合需求侧虚拟储能系统的冷热电联供楼宇微网优化调度方法[J]. 中国电机工程学报, 37(2): 581-591.

李林川, 肖峻, 张艳霞, 2009. 电力系统基础[M]. 北京: 科学出版社.

廖思阳, 贺聪, 李玲芳, 等, 2024. 考虑电力网络约束的工业园区虚拟电厂调控边界求解方法[J]. 电力系统自动化, 48(18): 66-75.

刘学智, 严正, 解大, 等, 2022. 电热综合能源网的强耦合路径研究与展望[J]. 电力系统自动化, 46(13): 204-215.

吕超贤, 2019. 面向灵活可靠运行的园区综合能源系统调度与规划方法[D]. 天津: 天津大学.

梅生伟, 李建林, 朱建全, 等, 2022. 储能技术[M]. 北京: 机械工业出版社.

穆云飞, 金尚婷, 赵康宁, 等, 2024. “人-车-桩-路-网” 深度耦合下的配电网协同规划与运行优化[J]. 电力系统自动化, 48(7): 24-37.

曲嘉伟, 朱乐为, 刘泽宇, 等, 2022. 计及压缩空气储能的综合能源微网可靠性评估[J]. 东北电力大学学报, 42(6): 8-18.

苏岳锋, 黄擎, 陈来, 等, 2023. 储能科学与技术[M]. 北京: 北京理工大学出版社.

王成山, 董博, 于浩, 等, 2021. 智慧城市综合能源系统数字孪生技术及应用[J]. 中国电机工程学报, 41(5): 1597-1608.

吴建中, 2016. 欧洲综合能源系统发展的驱动与现状[J]. 电力系统自动化, 40(5): 1-7.

张亚超, 谢仕炜, 朱蜀, 2022. 多区域互联电-气耦合系统分散协调分布鲁棒优化调度[J]. 电力系统自动化, 46(19): 31-42.

LUO X, WANG J H, DOONER M, et al., 2015. Overview of current development in electrical energy storage technologies and the application potential in power system operation[J]. Applied energy, 137: 511-536.